Rudolf Moosbeckhofer · Josef Ulz

Der erfolgreiche Imker

Leopold Stocker Verlag

Graz – Stuttgart

Umschlaggestaltung:
DSR Werbeagentur Rypka GmbH/Thomas Hofer, 8143 Dobl/Graz, www.rypka.at
Titelbilder: Rudolf Moosbeckhofer; Zsuzsanna Kilian (nkzs), www.sxc.hu

Der Inhalt dieses Buches wurde von den Autoren und vom Verlag nach bestem Gewissen geprüft, eine Garantie kann jedoch nicht übernommen werden. Die juristische Haftung ist ausgeschlossen.

Bibliografische Information der Deutschen Nationalbibliothek
Die Deutsche Nationalbibliothek verzeichnet diese Publikation in der Deutschen Nationalbibliografie; detaillierte bibliografische Daten sind im Internet unter http://dnb.d-nb.de abrufbar.

Hinweis: Dieses Buch wurde auf chlorfrei gebleichtem Papier gedruckt. Die zum Schutz vor Verschmutzung verwendete Einschweißfolie ist aus Polyethylen chlor- und schwefelfrei hergestellt. Diese umweltfreundliche Folie verhält sich grundwasserneutral, ist voll recyclingfähig und verbrennt in Müllverbrennungsanlagen völlig ungiftig.

Auf Wunsch senden wir Ihnen gerne kostenlos unser Verlagsverzeichnis zu:
Leopold Stocker Verlag GmbH
Hofgasse 5 / Postfach 438
A-8011 Graz
Tel.: +43 (0)316/82 16 36
Fax: +43 (0)316/83 56 12
E-Mail: stocker-verlag@stocker-verlag.com
www.stocker-verlag.com

ISBN 978-3-7020-1349-3

Layout und Repro: DSR Werbeagentur Rypka GmbH, 8143 Dobl/Graz
Druck: Druckerei Theiss GmbH, A-9431 St. Stefan

Inhalt

Vorwort
zur 5. Auflage

Das bei den Lesern nach wie vor rege Interesse und die positiven Rückmeldungen zum vorliegenden Buch führten zu dem Entschluss, eine Neuauflage anzugehen.

Gegenüber der 4. Auflage waren nur geringfügige Änderungen bzw. Ergänzungen erforderlich, die sich auf wenige Abschnitte beschränken. So wurde im Kapitel „Futtermittel" den heute immer weiter verbreiteten Fertigfuttersirupen und Futterteigen mehr Raum eingeräumt, das Kapitel über die „Vermarktung von Honig" den heutigen Gegebenheiten angepasst und im Abschnitt „Bienenvergiftungen" entsprechende Hinweise zu Informationsmöglichkeiten bezüglich Zulassung und Anwendungsbestimmungen von Pflanzenschutzmittelwirkstoffen ergänzt. Schließlich wurden die Empfehlungen zur Probeneinsendung aktualisiert. Stark erhöht wurde die Anzahl der Bilder um den Praxisbezug zu erhöhen.

Wir hoffen, dass dieses Buch damit auch in der 5. Auflage den Erwartungen und Interessen unserer geschätzten Leserschaft entspricht und einen Beitrag zu einer erfolgreichen Imkerei leisten kann,

Rudolf Moosbeckhofer & Josef Ulz
im März 2012

Einleitung

Seit Urzeiten werden die Bienenprodukte Honig, Wachs und Propolis gesammelt und sind die Menschen vom „Staat der Bienen" fasziniert. Auch heute noch umweht ein Hauch von Mystik die Bienen und ihre Produkte. Dieser Anziehungskraft konnten sich weder die Höhlenmaler entziehen, die uns in Bildern die vorgeschichtliche Honigjagd überlieferten, noch die „Bienenväter" der Gegenwart, die sich – allen Widrigkeiten zum Trotz – der Bienenzucht verschrieben haben.

Wie uns Fossilien – diese versteinerten Zeugen der Geschichte – zeigen, gibt es die Biene in nahezu unveränderter Form bereits seit etwa 30 Millionen Jahren. Die Spuren ihres Blütenbesuches und die Folgen ihrer Bestäubungstätigkeit spiegeln sich heute in der Formenvielfalt der Blütenpflanzen wider.

Die Anatomie der Biene sowie ihre Symbiose mit den Blüten können wir nur verstehen, wenn wir sie als Produkt einer langen gemeinsamen Entwicklung und gegenseitigen Abhängigkeit sehen.

Aber nicht nur in der Natur, auch in der Sprache hinterließ die Biene ihre Spuren. Denken wir nur an Redewendungen wie „Fleißig wie eine Biene", „honigsüß" u. a. Viele Jahrtausende hindurch war Honig der wichtigste Süßstoff und der Schein der Wachskerzen erhellte die Kirchen, Klöster und Paläste. Der Wunsch des Menschen nach Süßem und nach Licht war somit sicher eine wesentliche Triebfeder für die Entwicklung und die Förderung der Bienenzucht. Die Jagd auf wild lebende Bienenvölker wurde in verschiedenen Kulturen von der Bienenhaltung in Wohnungsnähe abgelöst. Dabei wurden den Bienen natürliche (hohle Baumstämme) oder künstliche (Tonröhren, Bienenkörbe) Nistmöglichkeiten zur Besiedelung angeboten. Allen diesen Bienenwohnungen (= „Beuten") gemeinsam war der fixe Wabenbau. Der Honig konnte daher nur durch Ausbrechen der Waben und anschließendes Auspressen oder Erwärmen gewonnen werden. Oder er wurde, wie dies auch heute noch in manchen Gegenden üblich ist, in Form von Wabenhonig mitsamt der Brut und dem gespeicherten Pollen verzehrt.

Einen wesentlichen Fortschritt brachte im vorigen Jahrhundert die Erfindung der Honigschleuder, des beweglichen Rähmchens und der Oberbehandlungsbeute. Damit waren alle Grundlagen für die Entwicklung der heute weltweit vorherrschenden Magazinimkerei gegeben. Honig, Pollen und Wachs konnten damit in großer Menge produziert werden und wurden für jedermann erschwinglich. Moderne Transportmittel und der Einsatz der Imker machen es heute möglich, Millionen von Bienenvölkern gezielt für die Bestäubung von Kulturpflanzen einzusetzen und damit Milliardenwerte zu produzieren.

Klotzbeute

Bienenkorb –
Lüneburger Stülper
(links)

Korbstock mit Aufsatz
um 1900
(rechts)

Mehrteiliger Bienenkorb
(links)

Alte Honigschleuder
aus Holz
(rechts)

Standort und Behausung der Bienen

Standort

Ein Erfolg in der Imkerei hängt wesentlich vom Aufstellungsplatz der Bienenvölker ab. Als grundsätzliche Voraussetzung wäre eine sonnige, windgeschützte sowie ruhige Lage anzuführen. Zu bevorzugen sind Plätze, an denen im Frühjahr der Schnee zuerst schmilzt. Wichtig ist für die Bienen vor allem die Morgensonne, da manche Blüten nur am Vormittag eine Nektarsekretion aufweisen (z. B. Löwenzahn). Wind behindert den Flug der Bienen.

Stark frequentierte Wege oder Straßen sind eher zu meiden. Vor allem im Winter können größere Erschütterungen fatale Folgen haben. Je vielseitiger das Nektar- und Pollenangebot über das ganze Jahr verteilt bzw. im näheren Flugbereich vorhanden ist, umso besser werden sich die Bienenvölker entwickeln.

Leider gibt es aber heute im ländlichen Bereich schon viele Gebiete, in denen diese natürlichen Nahrungsgrundlagen für unsere Bienen nicht mehr gewährleistet sind, z. B. Maisanbaugebiete.

Da Bienen einen relativ hohen Wasserbedarf für die Stoffwechselvorgänge im Körper und zum Regulieren der Luftfeuchtigkeit und der Stocktemperatur haben ist zu berücksichtigen, dass entweder ein natürliches Wasserangebot oder eine Bienentränke im näheren Bereich des Bienenstandes vorhanden ist.

> ### Tipp!
> **Um ein rationelles Arbeiten am Bienenstand zu gewährleisten, soll unabhängig von den Witterungsverhältnissen eine Zufahrtsmöglichkeit gegeben sein.**

Bienen im Winter

Gebräuchliche Beutentypen und Rähmchenmaße

Alle Bauteile einer Bienenwohnung beziehen sich auf das Rähmchenmaß. Während weltweit hauptsächlich das Langstrothmaß verbreitet ist, gibt es im europäischen Raum unzählige verschiedene Rähmchenmaße, welche sich oft nur unwesentlich voneinander unterscheiden.

Bienen an der Tränke

Rähmchenmaße

Einige in Österreich verwendete Rähmchenmaße		
	l x h (mm)	Zellenanzahl
Einheitsmaß	370 x 223	5.688
Zander	420 x 220	6.400
Österr. Breitwabe	426 x 255	7.632
Kuntzsch	330 x 250	5.928
Langstroth	448 x 232	7.258

Bei Verwendung der Flachzarge ist die Höhe für jedes Maß mit 16 cm genormt. Die Rähmchenmaße werden jeweils als Außenmaße angegeben.

Magazinbienenstand mit „Verriegelung"

Magazinbienenstand

Das Magazin

Wenn man als Imker die Beute selbst herstellt, ist zu berücksichtigen, dass man sich genau an genormte Maße hält, damit Zargen und Rähmchen untereinander beliebig vertauscht werden können. Ein gefalzter Rahmen verhindert das Verrutschen der Einheiten beim Transport und erleichtert somit die Arbeit. Die Entscheidung über isolierte oder einfachwandige Zargen hängt unter anderem von der Rähmchengröße sowie von der Betriebsgröße ab.

> Erfahrungsgemäß neigen Imker mit einer geringeren Völkeranzahl zu kleineren Rähmchenmaßen, somit wäre hier die isolierte Zarge vorzuziehen. Zuerwerbs- oder Berufsimker verwenden aus betriebs- und arbeitstechnischen Gründen eher ein größeres Rähmchenmaß.

Bienenstand mit Holz-Magazinbeuten

Unter diesen Voraussetzungen hat sich wiederum die einfachwandige Holzbeute bewährt. Grundsätzlich kann man in beiden Variationen erfolgreich imkern, wenn man die Biologie des Bienenvolkes kennt und erforderliche Eingriffe nach den vorhandenen Randbedingungen, wie Volksstärke, Kleinklima, Trachtvoraussetzungen und Beutentyp, orientiert.

In einer modernen Imkerei ist der hohe Boden mit einem Putzkeil heute schon eine Selbstverständlichkeit. Er muss aber auf jeden Fall über eine Belüftungsmöglichkeit verfügen, um Bienenvölker problemlos transportieren zu können. Das Dach soll einen wirksamen Schutz gegen Witterungseinflüsse bringen. Ein eventueller Überzug mit Aluplatten erfordert in weiterer Folge keine Wartungsarbeiten.

> Der Vorteil des Magazinstockes gegenüber dem Hinterbehandler besteht in der einfachen Aufstellung und Mobilität sowie in der unbeschränkten Vergrößerbarkeit des Raumes durch Auf- oder Zwischensetzen von Zargen.

Die Hinterbehandlungsbeute

Dieser Beutentyp ist in Verbindung mit einem Bienenhaus in Österreich noch häufig anzutreffen. Im Gegensatz zum Magazin ist der Hinterbehandlungsstock räumlich nur beschränkt erweiterbar, aber fast uneingeschränkt verkleinerbar. Die Wabenstellung ist hauptsächlich Warmbau (Waben sind quer zum Flugloch angeordnet). Es sind aber auch Hinterbehandler mit Kaltbau (Waben sind längs zum Flugloch angeordnet) oder beide Arten kombiniert möglich. Der Arbeitsaufwand in der Betreuung der Völker ist zwei- bis dreimal so hoch wie beim Magazin. Bei einer rich-

Bienenstand mit Kunststoff-Magazinbeuten

tigen Völkerführung, welche auf die jeweilige Beute abgestimmt ist, kann man aber sehr wohl auch Spitzenerträge und einen qualitativ hochwertigen Honig erzielen. Der allgemeine Trend geht in der modernen Imkerei jedoch eindeutig zur Magazinbeute.

Die Flachzarge

Die Flachzarge stammt aus Nordamerika. Es war anfangs Dadant, der zu seinem Brutmagazin einen flachen Aufsatz konstruierte. Nachdem Demut den Zargenwechsel als ein positives Mittel zur Schwarmverhinderung erkannte, versuchte auch Dadant in seinem Mischbetrieb mit dem Zargenwechsel zurechtzukommen. Da sich aber nicht der gewünschte Erfolg einstellte, kamen andere Imker auf die Idee, nur mit flachen Aufsätzen zu imkern. Erst Dr. Farrar führte mit der Flachzarge größere Versuche durch. Er konnte vor allem aufzeigen, dass mit der Flachzarge gleich starke Völker erstellt werden konnten wie mit herkömmlichen Beutensystemen. In Österreich waren es vor allem Dipl.-Ing. Albert sowie Dr. Bretschko, die beide mit der Flachzarge umfangreichere Versuche durchgeführt haben.

Geöffnete Hinterbehandlungsbeute

> Da in unserem Raum die Flachzarge eher als Honigraumaufsatz Verwendung findet, wird die Rähmchenlänge meist an das jeweilige Standmaß angepasst.

Die Höhe ist mit 160 mm (Außenmaß) genormt. In der Weltimkerei hat sich die Langstrothlänge auch bei der Flachzarge durchgesetzt, wobei die einzelnen Zargen einfachwandig ausgeführt sind. Wenn man die Flachzarge an einen bestehenden Betrieb anpasst, ist darauf zu achten, dass der Unterschied bei der Konstruktionsausführung nur in der Rähmchenlänge liegen soll. Kernstücke der Flachzargen-Betriebsweise sind die Dreigliedrigkeit des Brutnestes und der damit verbundene Zargenwechsel.

Flachzargen-Magazinbeute

Fütterungssysteme

Fütterung von oben

Eimer oder Glas

Diese sind ausschließlich für die Flüssigfütterung geeignet. Das mit Zuckerwasser gefüllte Gefäß wird auf das Spundloch gestülpt, wobei die Bienen das Futter über einen Gittereinsatz entnehmen können. Diese Fütterungsart kann als sehr „bienengenehm" bezeichnet werden, da eine langsame Futteraufnahme gewährleistet ist.

Kunststoff-Flachzargenmagazine

Futterdeckel

Er besteht aus einer Plastikwanne mit einem glockenähnlichen Einsatz. Diese Fütterungseinrichtung ist für Flüssigfutter und bei Wegnahme der Glocke auch für Zuckerteig geeignet. Die Wanne fasst 4 Liter Zuckerlösung, welche von den Bienen in etwa 2–3 Tagen ausgefressen wird.

Fütterung im Volk
Futtertasche

Sie besteht entweder aus Plastik oder aus Holz mit Hartfaserplatten, fasst je nach Rähmchengröße 4–5 Liter Zuckerlösung und nimmt den Raum von zwei Rähmchen ein. Diese Taschen sind sowohl für Zuckerlösung als auch für Zuckerteig geeignet. Die Futteraufnahme durch die Bienen dauert zirka 2–3 Tage. Durch die Wegnahme von zwei Rähmchen bleiben in den Zargen nur acht Waben. Aus diesem Grunde wird sie sinnvollerweise nur bei der Zweiraumüberwinterung und bei der Jungvolkbildung eingesetzt. Bei allen bis jetzt erwähnten Fütterungseinrichtungen kann zu jeder Tageszeit gefüttert werden, ohne dass man Angst haben müsste eine Räuberei auszulösen.

Futtertasche wird mit Gießkanne gefüllt.

Futterlade bzw. Futtertrog

Sie werden in den hohen Boden eingeschoben bzw. auf das Volk aufgesetzt. Die Futterlade besteht entweder aus Plastik, Alublech oder gut abgedichtetem Holz mit Hartfaserplatten. Eine Abdichtung der Holztröge ist entweder mit heißem, flüssigen Paraffin oder mit Polyesterlack möglich.

> Die Futterlade eignet sich sowohl für Flüssigfutter als auch für Zuckerteig. Die Aufnahme geht sehr rasch vor sich, da viele Bienen gleichzeitig zum Futter gelangen können.

Durch die Nähe des Flugloches besteht vor allem bei schwächeren Völkern die Gefahr des Ausraubens. Aus diesem Grunde ist es vorteilhaft, erst kurz vor Einbruch der Dunkelheit mit der Fütterung zu beginnen. Durch die rationelle Anwendungsmöglichkeit ist diese Art der Fütterung vor allem bei größeren Betrieben gängig. Der Vorteil des Futtertroges besteht in der raschen Futteraufnahme auch bei kühler Witterung. Er ist für Flüssigfutter und Futterteig geeignet. Das Fassungsvermögen kann bis zu 10 Liter betragen.

Futtermittel

Zuckerlösung

Durch das schwankende Trachtangebot aus der Natur ist es erforderlich, dass den Bienenvölkern bei Mangelerscheinungen verschiedene Futtermittel zur Verfügung gestellt werden. Je nach Situation im Bienenvolk und Jahreszeit muss das richtige Futtermittel gewählt werden. Zur Auffütterung, aber auch zur Überbrückung von Trachtlücken oder zur Reizfütterung hat sich die Zuckerlösung bestens bewährt.

> **Zusammensetzung**
> 1 kg Zucker + 1 l Wasser = (1:1) ergibt 1,6 l Lösung = 1,2 kg Futter
> 1 kg Zucker + 0,7 l Wasser = (3:2) ergibt 1,3 l Lösung = 1,2 kg Futter

Wenn ein Gefäß halb mit Wasser gefüllt ist und der Rest mit Zucker ergänzt wird, erhält man eine 3:2-Zuckerlösung. Zur Winterauffütterung nimmt man eine 3:2-Lösung, zur Reiz- oder Trachtlückenfütterung hingegen ist eine 1:1-Lösung besser geeignet.

Fertigfuttersirupe

Diese im Handel erhältlichen Sirupe ersparen die Selbstherstellung von Zuckerlösung.

> Durch die industrielle Herstellung und die hygienische Verpackung ab Werk neigen Sirupe – im Gegensatz zu selbst hergestellter Zuckerlösung – nicht zur Gärung. Der hohe Kohlehydratanteil erlaubt eine rasche Auffütterung mit geringen Umarbeitungsverlusten durch die Bienen.

Füttern mit Fertigfuttersirup

Beim Kauf sollte darauf geachtet werden, dass der Fertigfuttersirup vom Händler als Bienenfutter angeboten wird und dafür auch ein entsprechender Eignungsnachweis (z. B. Prüfzertifikat) vorgelegt werden kann. Wichtig ist auch, dass der Sirup ein entsprechendes Zuckerverhältnis (Fruktose, Glucose, Saccharose) hat, einen niedrigen HMF-Wert aufweist (dieser sollte unter 20 mg/kg) liegen und möglichst wenig Mehrfachzucker (Maltose, Maltotriose u.a.) enthält. Höhere Gehalte an diesen Stoffen können sich nachteilig auf die Lebensdauer der Bienen bzw. das Kristallisationsverhalten des daraus entstehenden Zuckerfütterungshonigs – und damit auf die Überwinterung der Bienen – auswirken.

Futterteige
Zuckerteig
Dieser kann immer dann eingesetzt werden, wenn durch eine einmalige Futtergabe über längere Zeit ein geringer Futterstrom aufrechterhalten werden soll. Durch die halbfeste Konsistenz wird Futterteig von den Bienen nur langsam abgenommen. Auch die Räubereigefahr ist gering. Bevorzugte Einsatzgebiete sind die frühe Auffütterung nach Trachtschluss, die Überbrückung von Trachtlücken, die Beseitigung von Futtermangel im Frühjahr und bei der Königinnenzucht in den Begattungskästchen bzw. den Zusetzkäfigen. Da die Bienen für die Abnahme des Zuckerteiges Wasser benötigen, sollte eine Wasserversorgung der Bienen gewährleistet sein (Flugwetter, Stocktränke).

> ## Achtung!
> **Bei selbst hergestellten Futterteigen, denen in der Regel gemäß Rezept Honig zugegeben wird, besteht immer die Gefahr einer Faulbrutübertragung, da Honig mit Sporen des Erregers der Amerikanischen Faulbrut belastet sein kann.**

Bei Verwendung fertiger Futterteige, wie sie im Handel inzwischen erhältlich sind, fällt dieses Risiko weg, da diese mit Invertzuckersirup oder Zusatz von Enzymen statt Honig hergestellt werden. Bei kleinen verabreichten Mengen von Fertigfutterteigen (z. B. in Königinnenversandkäfigen) besteht bei sehr langsamer Abnahme allerdings die Neigung zur Austrocknung, was den Bienen das Ausfressen der Königin erschweren kann – z. B. wenn diese unter Zuckerteigverschluss zugesetzt wird.

Pollenersatzteig
Eine Sonderform des Futterteiges ist der Pollenersatzteig. Damit sollen sowohl Kohlehydrat- als auch Eiweißmangelperioden überbrückt werden. Im Handel sind entsprechende Teige bzw. Pollenersatzpräparate bereits fertig zubereitet erhältlich.

> ## Grundsätzlich!
> **Die Verfütterung von Pollenersatzteig sollte immer die Ausnahme sein. Deshalb kommt der optimalen Standplatzwahl – gegebenenfalls auch einer Wanderung – zur Vermeidung von Trachtlücken eine besondere Bedeutung für das gute Gedeihen der Bienenvölker zu.**

Das Bienenjahr

Aufzeichnungen

Um ein rationelles Arbeiten am Bienenstand zu gewährleisten und verschiedene Vorkommnisse im Bienenvolk genau festhalten zu können, ist es vorteilhaft, wichtige Daten zu vermerken. Dazu dienen Stockkarten. Im Fachhandel werden zwei Arten angeboten. Die erste Art (siehe Abb. auf S. 22) ist für den wirtschaftlich orientierten Imker gedacht. Auf der Karte werden in Abkürzungen alle wichtigen Vorkommnisse im Laufe eines Bienenjahres festgehalten. Die zweite Art (Abb. auf S. 23) ist für jene Imker gedacht, die sich intensiv mit Zucht und Selektion sowie dem Verhalten des Bienenvolkes beschäftigen. Beide Arten können die Arbeit des Imkers ohne einen Mehraufwand an Zeit wesentlich erleichtern. Besitzt man Routine in der Niederschrift von Aufzeichnungen, kann man sich sogar Zeit einsparen, da schon anhand der Daten der eigentliche Stimmungszustand des Volkes erahnt werden kann und es deshalb nicht notwendig ist bei jedem Eingriff das Volk zu zerlegen. Bei einer exakten Stockkartenführung kann man diese in den Wintermonaten auswerten und Völker mit besonders guten Eigenschaften aus züchterischer und wirtschaftlicher Sicht herausfiltern, die dann nach weiteren Tests für die Nachzucht herangezogen werden.

Winterruhe

Die Honigbiene überwintert als voll entwickeltes Insekt. Das Bienenvolk besteht zu dieser Zeit aus einer Königin und 8.000–12.000 langlebigen Winterbienen. Die Biene als einzelnes Wesen ist sehr kälteempfindlich, da der den Körper umgebende Chitinpanzer nicht vor Kälte schützt.

Bienen in der Wintertraube

Damit das Bienenvolk aber trotzdem überleben kann, bilden die Bienen eine kugelförmige Traube. Je tiefer die Temperatur, umso enger rückt das Volk zusammen. Bienen können durch Futteraufnahme und Muskelzittern Wärme erzeugen. Innerhalb der Traube wechseln die Bienen langsam von außen nach innen, sodass jede Biene die gleiche Überlebenschance hat. Die Temperatur in der Traube beträgt zirka 24° C, wobei nach außen die Temperatur bis auf 9° C absinken kann. Die Nahrungsaufnahme ist in dieser Zeit eher gering und beträgt zirka 1 kg/Monat. Warmwetterperioden oder Störungen während der Winterruhe erhöhen den Futterverbrauch.

> Ein Bienenvolk sollte während der Winterruhe nicht unnötig gestört werden. Allerdings kann eine erforderliche Varroabekämpfung nach Eintritt der Brutfreiheit (= Restentmilbung) eine Ausnahme von dieser Regel erfordern. Wie die Praxis gezeigt hat, vertragen die Bienen eine kurze Störung problemlos.

Steuerungseinflüsse, welche sich auf die Überwinterung auswirken können

Inneneinflüsse

Spechtschaden

- Volksstärke
- Futterqualität
- Stockfeuchtigkeit
- Weiselrichtigkeit
- Qualität der Winterbienen
- Luftaustausch

Außeneinflüsse

- mechanische Faktoren: Mäuse, Vögel, Fahrzeuge, Baumäste, unregelmäßige Erschütterungen
- klimatische Faktoren: Besonnung, Wind, Temperaturschwankungen, Luftfeuchtigkeit
- Parasitenbefall (Varroa, Tracheenmilbe, Nosema)

Reinigungsflug

Verschneites Flugloch im Winter

Der Reinigungsflug findet statt, sobald die Temperatur im Frühjahr über 10° C ansteigt. Die Bienen fliegen aus, um ihre meist prall gefüllten Kotblasen zu entleeren. Tote Bienen werden aus dem Stock geräumt und das Bodenbrett wird gereinigt. Für eine gute Überwinterung ist es erforderlich, dass die Bienen während der Winterruhe zwischendurch einige

Abkürzungen für Stockkarteneintragungen

Bienenwesen

♀ – Königin   ♀♀ – Königinnen
♀ – Arbeitsbiene   ♀♀ – Arbeitsbienen
♂ – Drohn   ♂♂ – Drohnen

Vermehrung

Br – Brut
WZ – Weiselzelle
NZ – Nachschaffungszelle
SZ – Schwarmzelle
ged. SZ – gedeckelte Schwarmzelle
VS – Vorschwarm
NS – Nachschwarm
SS – Sammelschwarm
KS – Kehrschwarm

Rahmen

R – Rähmchen
W – Wabe
BW – Brutwabe
HW – Honigwabe
FW – Futterwabe
MW – Mittelwand
Ba – Baurahmen
R – Drohnenrahmen

Nahrung

H – Honig
ZL – Zuckerlösung
P – Pollen
FT – Futterteig

Beutenteile

BR – Brutraum
HR – Honigraum
Abl – Ableger

Zeichen

+ zugegeben
– entnommen
⌒ bestiftetes Weiselnäpfchen

nach oben in den Honigraum gegeben
nach unten in den Brutraum gegeben
Alle Gewichtsangaben in kg

Volksstärkenbewertung

1 = Spitzenvolk
2 = Durchschnittsvolk
3 = schwaches Volk

Bewertung des Futtervorrates

1 = ausreichend Vorrat
2 = durchschnittlicher Vorrat
3 = geringer Vorrat

Brutnestbewertung

1 = umfangreiches geschlossenes Brutnest
2 = durchschnittliches Brutnest
3 = kleines lückenhaftes Brutnest
Bei einer noch genaueren Bewertung kann
man sich einer Unterteilung von 1–5 oder z. B.
1–2, +2 usw. bedienen.

STOCKKARTE

Imker: ....

Anschrift: ....

Laufendes Jahr: ....

Lebensnummer: ....

Priv. Zuchtb.-Nr.: ....

Abstammung: ....

Züchter, Name: ....

Abstammung:

♀ Mutter

Lebensnummer: ....

private Linie: ....

♂ Vatermutter

Lebensnummer: ....

Belegstelle ....

private Linie: ....

	4	3	2	1
Sanftmut -Sa	sehr sanft	sanft	sticht	sehr böse
Wabensitz -Ws	sehr ruhig	ruhig	läuft	läuft stark
Schwarm- -Sn neigung	keine	best. o. off. Wz.	Eingriff getätigt	geschwärmt

Boden Nr.	Dat.	allgemeiner Befund									Gegeben +			genommen −			Anmerkungen
		bei. W.	Brutw.			Sa	Ws	Sn	W	MW	Brut	Bienen kg	Honig kg	Zucker kg	
			W	Ei	o	v											

Stockkarte

Biene **Österreich**

Volk Nr.

	4	3	2	1
Sanftmut - Sa	sehr sanft	sanft	sticht	sehr böse
Wabensitz - Ws	sehr ruhig	ruhig	läuft	läuft stark
Schwarmneigung - Sn	keine	best. o. off. WZ	Eingriff getätigt	geschwärmt

MW ...Mittelwände
BW ...Brutwaben
Fu ...Futter
Ho ...Honig

Imker.............

Betriebsnr.............

Stand............

Königin Nr. BÖ............

Vatervölker Zuchtbuchnr.............

Mutter Zuchtbuchnr.............

Datum	Sa	Ws	Sn	MW±	BW±	Fu	Ho kg	Varroa	Anmerkungen

Male Reinigungsflüge absolvieren können. Lange Winter und schlechtes Winterfutter (Melezitose) führen zur Überfüllung der Kotblase. Krankheiten wie Ruhr oder Nosema und somit schwache Auswinterungspopulationen sind die Folge.

Brutentwicklung

An den ersten wärmeren Tagen, manchmal schon Anfang Februar, beginnt die Königin mit der Eiablage. Anfänglich ist die Legeleistung noch gering, doch steigert sie sich täglich bis zur Höchstentwicklung im Mai, wo sie pro Tag mehr als 2.000 Eier ablegt. In den ersten Wochen der Bruttätigkeit ist kein Ansteigen der Bienenpopulation zu erwarten, da mehr Winterbienen absterben als Jungbienen nachfolgen. Die Brutintensität ist wesentlich von der ausreichenden Pollenversorgung und den vorhandenen Futterreserven abhängig.

Steuerungseinflüsse, welche sich auf den Brutbeginn auswirken

Inneneinflüsse

- erbliche Veranlagung
- Pollenvorrat
- Volksstärke

Außeneinflüsse

- Temperatur-Maxima
- Trachtangebot

Auswinterungsrevision

Zeitpunkt: Bei schöner Witterung um Mitte März bis Anfang April je nach Höhenlage (Salweidenblüte).

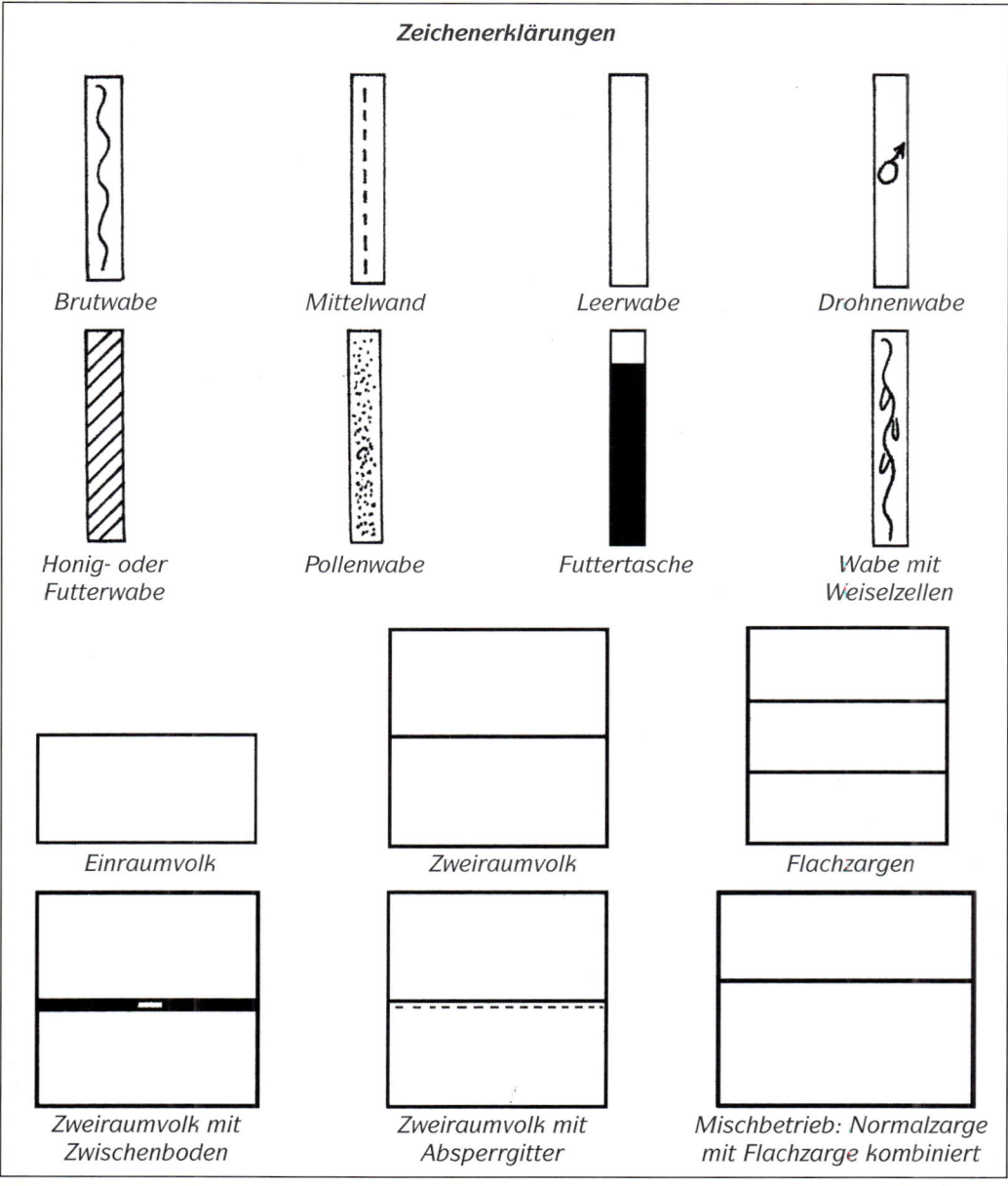

Zeichenerklärungen

Brutwabe	*Mittelwand*	*Leerwabe*	*Drohnenwabe*
Honig- oder Futterwabe	*Pollenwabe*	*Futtertasche*	*Wabe mit Weiselzellen*
Einraumvolk	*Zweiraumvolk*		*Flachzargen*
Zweiraumvolk mit Zwischenboden	*Zweiraumvolk mit Absperrgitter*		*Mischbetrieb: Normalzarge mit Flachzarge kombiniert*

Maßnahmen des Imkers

Bewertung der Auswinterungsstärke (zirka Mitte März)

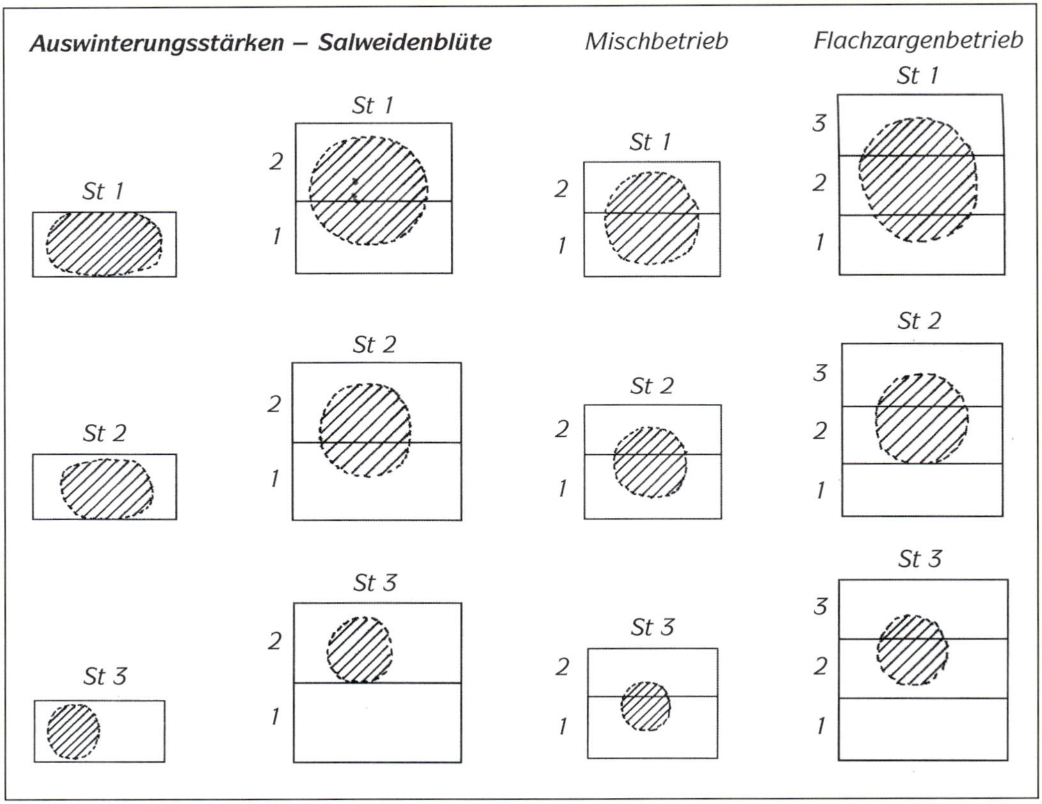

Auswinterungsstärken – Salweidenblüte   *Mischbetrieb*   *Flachzargenbetrieb*

St 1

St 2

St 3

St 1

St 2

St 3

St 1

St 2

St 3

St 1

St 2

St 3

Weiselrichtiges Volk mit gedeckelter Brut

Kontrolle auf Weiselrichtigkeit

Weiselrichtige Völker mit einer guten Königin weisen im Frühjahr ein geschlossenes Brutnest auf. Es kommt jedoch immer wieder vor, dass Königinnen im Herbst noch umweiseln, ohne dass der Imker dies merkt. Die Königinnen werden um diese Zeit aber oft nicht mehr begattet, da bereits die Drohnen fehlen. Bei der ersten Kontrolle im Frühjahr sind diese Völker entweder weisellos oder es befindet sich eine unbegattete Königin im Stock. In beiden Fällen ist das Volk ohne Hilfe zum Absterben verurteilt. Wenn keine sichtbaren Krankheitsanzeichen (Ruhr oder Nosema) zu sehen sind und noch eine Masse Bienen vorhanden ist, kann man durch Aufsetzen eines überwinterten Ablegers das Volk wieder in Ordnung bringen. Sollte kein Ableger zur Verfügung stehen und das Volk macht einen gesunden Eindruck, so ist eine Vereinigung mit einem weiselrichtigen Volk möglich, indem man die Zarge mit den weisellosen Bienen untersetzt. Sind diese Voraussetzungen nicht gegeben, so wird das Volk abgeschwefelt.

Raum- und Bienensitzkorrektur

Es kann aus verschiedenen Gründen vorkommen, dass Völker durch kurzlebige Winterbienen eine hohe Sterberate aufweisen und dadurch bei der Auswinterungsrevision den Raum nur teilweise besetzen. Vor allem bei einer Zweiraumüberwinterung ist in diesem Falle eine Raumkorrektur vorzunehmen, indem man die meist leere untere Zarge entfernt. Diese Maßnahme erleichtert den Bienen die Wärmeregulation und kann

Bienen eines verhungerten Volkes

Auswinterung – seitlicher Bienensitz

Bienensitzkorrektur
(Einraumvolk)

Vorher   Nachher

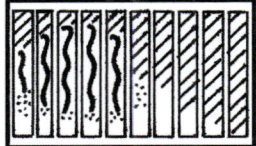   

Das Volk ist in seiner Ausdehnung beidseitig behindert.

Durch ein Nachrücken des Bienensitzes und gleichzeitiges Aufritzen von Futterwaben kann die Königin ihre Legetätigkeit wieder ausdehnen.

Bienensitzkorrektur
(Zweiraumvolk)

Vorher   Nachher

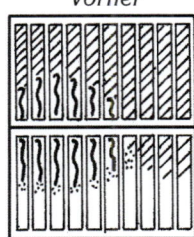   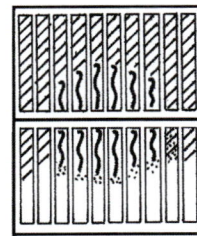

Durch eine zu einseitige Futteranlagerung wird das Volk an die andere Seite gedrängt und kann sich nicht richtig ausdehnen.

Im Zuge der Bienensitzkorrektur darf das Brutnest nicht zerrissen werden.

Bienenvolk mit seitlichem Sitz

daher die Frühjahrsentwicklung positiv beeinflussen. Sollte bei Ein- oder Zweiraumüberwinterung das Volk seitlich sitzen, so ist ein Nachrücken in die Mitte der Zarge erforderlich. Es ist dabei zu berücksichtigen, dass die Königin in weiterer Folge ihre Legetätigkeit auf beide Seiten ausdehnen kann. Die Waben müssen dabei so angeordnet werden, dass die Bienen auch bei Schlechtwetter Kontakt zum Futter haben.

Futterkontrolle – verdeckeltes Futter aufritzen

Im Frühjahr ist eine Futterkontrolle unbedingt notwendig, da immer wieder schlecht versorgte Völker auftreten, die ohne Futterergänzung bis zur Frühtracht verhungern würden. Bei akutem Futtermangel können entweder Futterwaben zugehängt werden oder es muss umgehend eine Flüssigfütterung erfolgen. Die Fütterungseinrichtung soll sich in der Nähe des Bienensitzes befinden. Bei Reiz- oder Notfütterungen wird eine 1:1-Zuckerlösung verwendet. Eine Zucker- oder Futterteigverabreichung wäre unter den angeführten Gegebenheiten eine zu starke Belastung für das Bienenvolk und ist deshalb um diese Zeit abzulehnen. Dies gilt auch für das Zuhängen von Melezitosewaben.

> Wie neuere Untersuchungen zeigten, führt das vielfach empfohlene Aufritzen von verdeckelten Futterwaben im Frühjahr (= so genanntes „Reizen" der Völker) nicht zu einem vermehrten Bruteinschlag oder zu stärkeren Völkern. Auch der Gesamtfutterverbrauch zwischen gereizten und nicht gereizten Völkern unterscheidet sich nicht, die gereizten Völker setzen also nicht vermehrt Futter in Brut um.

Das gleiche Ergebnis erbrachte ein Versuch, in dem Völker mit und ohne Drehung der Zargen um 180 Grad verglichen wurden. Damit können diese vielfach empfohlenen Maßnahmen ohne Nachteile für die Volksentwicklung unterbleiben.

Maßnahmen zum raschen Umtragen von Winterfutter beim Mischbetrieb

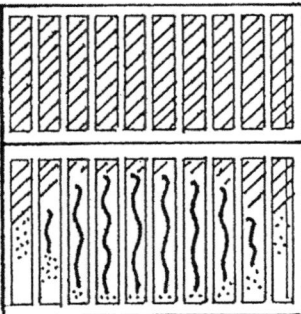

Wenn die Flachzarge noch viel Futter beinhaltet und die Königin noch
nicht durchgebrütet hat, empfiehlt
es sich, einen Zargenwechsel
durchzuführen.

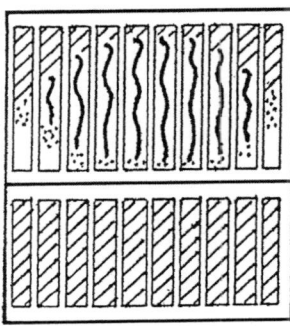

Nach dem Zargenwechsel entsteht
für das Bienenvolk eine unnatürliche
Situation, die es schnell durch das
Umtragen des Futters bereinigen
will, was gleichzeitig eine Entwick-
lungsförderung zur Folge hat.

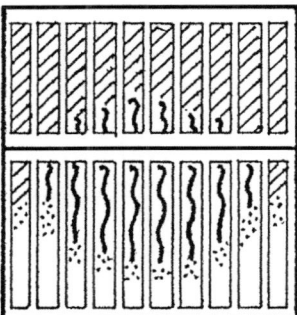

Hat die Königin schon in die Flachzarge durchgebrütet, darf kein Zargenwechsel vollzogen werden, da
sonst das Brutnest total zerrissen
würde und es somit zu einer Brutverkühlung sowie Entwicklungsverzögerung kommen könnte.

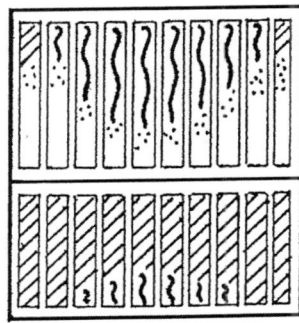

Falsch

Frühjahrsreizung durch Aufritzen von Futterwaben

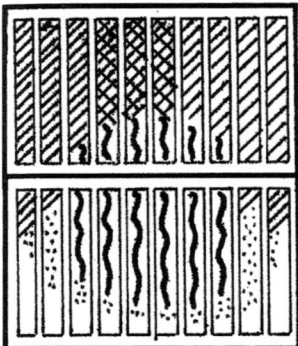

Durch das Aufritzen von 2–3 Futter-
waben bekommt die Königin die
Möglichkeit, rascher in die obere
Zarge durchzubrüten.

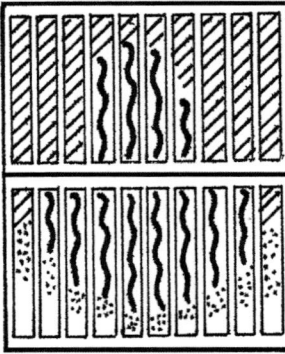

Das Brutnest kann sich durch die
Aufnahme und das Umtragen von
Futter kontinuierlich in die obere
Einheit ausdehnen und kommt
somit dem Aufwärtstrend des
Volkes entgegen.

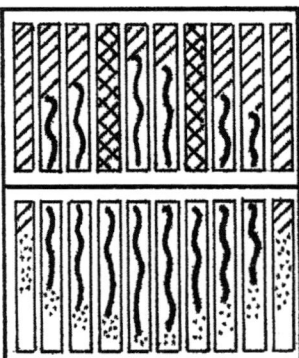

Im Zuge des nächsten Eingriffes
werden wiederum zwei Futterwaben aufgeritzt und bei Schönwetter ins Brutnest, ansonsten
ans Brutnest gehängt.

Durch das sukzessive Umhängen
der aufgeritzten Futterwaben hat
die Königin die Möglichkeit, den
gesamten oberen Bereich ins Brutnest einzubeziehen.

Frühjahrsrevision

Raum- und Mittelwandgabe (je nach Höhenlage ca. Mitte April bis Anfang Mai)

Ungefähr ab Mitte April beginnt die Bienenpopulation eines Volkes durch den Schlupf vieler Jungbienen und die rege Legetätigkeit der Königin besonders stark anzusteigen. Gleichzeitig wird die Anzahl der im Stock noch vorhandenen Winterbienen immer kleiner, bis schließlich im Lauf des Mai keine mehr vorhanden sind. Das rasche Ansteigen der Bienenpopulation bewirkt einen Mehrbedarf an Raum und Waben.

Mittelwandgabe bei einem Einraumvolk

Ausgangssituation: Die Königin hat einen Großteil der freien Zellen bebrütet. Der beginnende Bautrieb erfordert eine Mittelwandgabe.

Die überschüssigen zwei Futterwaben am Rand werden herausgenommen und durch Mittelwände, welche zwischen Brut- und Pollenwabe eingehängt werden, ersetzt.

Mittelwandgabe bei einem Zweiraumvolk

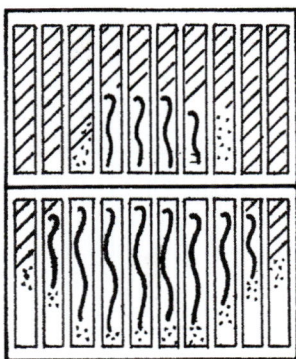 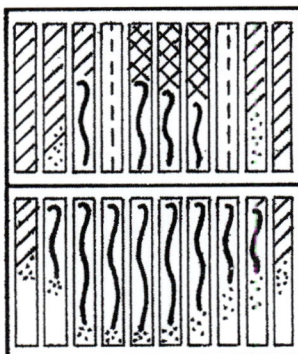

Ausgangssituation: Die Königin brütet schwerpunktmäßig in der ersten Zarge. Im zweiten Raum befindet sich noch viel Winterfutter.

Im oberen Raum werden zwei Futterwaben herausgenommen und durch Mittelwände ersetzt, wobei die erste Mittelwand an das Brutnest und die zweite ins Brutnest gehängt wird. Im mittleren Bereich werden bei Bedarf die Futterkränze aufgeritzt.

Aufsetzen einräumig überwinterter Völker bei Erwartung einer Frühtracht

*Zeitpunkt: vor oder während
der Obstblüte*

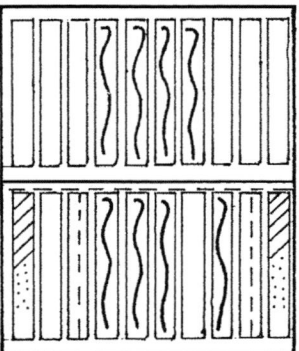

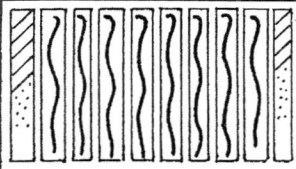

*Ausgangssituation: Das Bienenvolk
besetzt den bestehenden Raum optimal und hängt in das Bodenbrett
hinein.*

*In eine leere Zarge werden vom ersten
Raum vier größtenteils verdeckte Brutwaben ohne Königin hineingehängt, der
Rest wird mit Leerwaben aufgefüllt. In der
Bodenzarge werden zwei Mittelwände und
zwei hellere Waben verabreicht. Gleichzeitig wird ein Absperrgitter eingelegt.*

Aufsetzen einräumig überwinterter Völker ohne Erwartung einer Frühtracht

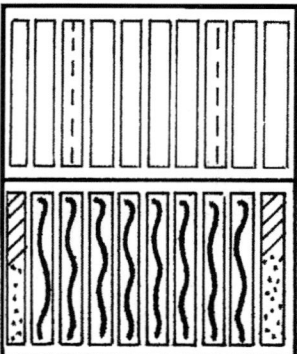

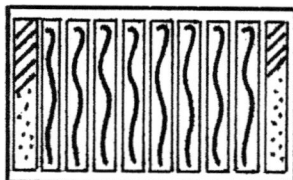

*Ausgangssituation: Das Bienen-
volk besetzt den bestehenden
Raum optimal und sitzt auch in
das Bodenbrett hinein.*

*Eine Zarge, ausgestattet mit vier
helleren Waben in der Mitte, zwei
Mittelwänden und honigfeuchten
Waben, wird ohne Umhängen von
Brut auf die Bodenzarge aufgesetzt.*

Ein zusätzlicher Raum kann erst dann verabreicht werden, wenn der vorhandene Raum ausreichend mit Bienen besetzt ist und diese auch in das Bodenbrett durchhängen. Unter diesen Voraussetzungen kann, unabhängig von den Witterungsverhältnissen, ein zweiter Raum zur Verfügung gestellt werden. Da sich das Bienenvolk gerne nach oben ausdehnt, ist es günstig die Erweiterungszarge oben aufzusetzen. Nicht empfehlenswert ist es gleichzeitig Brutwaben umzuhängen. Es besteht die Gefahr, dass das Bienenvolk gezwungen wird, die aufgesetzte Zarge sofort zu besetzen. Dies kann eine Überforderung des Volkes zur Folge haben und somit eine Entwicklungsverzögerung oder sogar eine Brutverkühlung hervorrufen. Wenn aber das Volk den bestehenden Raum optimal besetzt und die Futterkränze im mittleren Brutnestbereich nicht zu breit sind (max. 5 cm), wird die Königin auch ohne Umhängen von Brutwaben sofort in den oberen Raum durchbrüten. Honigfeuchte Waben im mittleren Bereich der aufgesetzten Zarge beschleunigen diesen Prozess. Eine Ausnahme ergibt sich in der Ausnützung einer lohnenden Frühtracht. Damit zur Schleuderung des Blütenhonigs eine exakte Trennung von Brut und Honig gewährleistet ist, werden im Zuge der Raumgabe gleichzeitig einige Brutwaben umgehängt und das Absperrgitter eingelegt. Eine Futtergabe erleichtert den Bienen diesen Eingriff.

Neue Rähmchen mit Mittelwänden

Erweiterung im Mischbetrieb bei Erwartung einer Blütentracht

Grundposition: Die Königin brütet in der ersten Zarge und hat ihr Brutnest auch in die Flachzarge ausgedehnt. Damit sie den ersten Raum optimal ausnützt und die Flachzarge brutfrei wird, ist es sinnvoll ein Absperrgitter einzulegen.

Bei Tracht wird die Flachzarge rasch mit Honig angefüllt. Die Brut in der Flachzarge ist inzwischen geschlüpft.

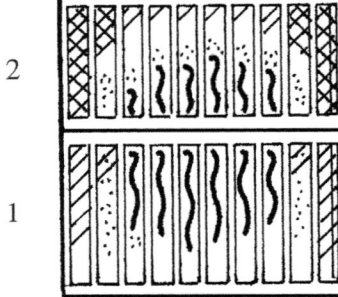

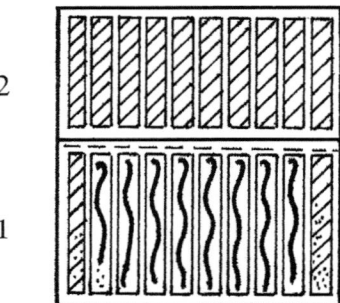

Vorhandene Futterkränze im zweiten Raum werden aufgeritzt.

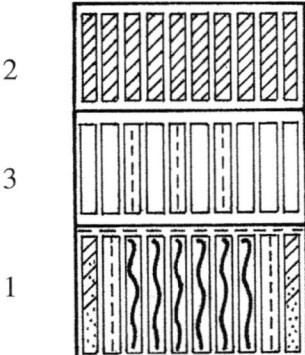

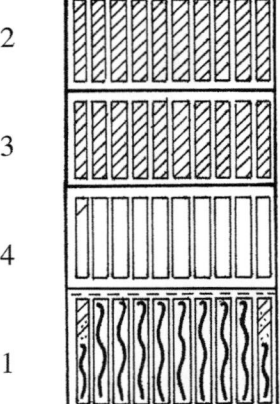

Wenn der bestehende Honigraum vollgetragen wurde, muss eine Zarge, die einige Mittelwände beinhalten kann, zwischengeschoben werden. Gleichzeitig können im Brutraum auch Mittelwände eingehängt werden, indem man vorher zwei verdeckelte Brutwaben entnimmt.

Sollten beide Zargen bereits mit Honig vollgetragen sein und die Tracht hält weiter an, wird nochmals eine Zarge dazwischengeschoben.

Die starke Aufwärtsentwicklung des Bienenvolkes im Frühjahr bewirkt gleichzeitig eine rege Bautätigkeit. Der Bautrieb ist vor allem vom Beginn der Kirschblüte bis zum Ende der Apfelblüte stark ausgeprägt. Durch die Mittelwandgabe hat der Imker die Möglichkeit, den Wabenbau zu erneuern und alte Waben auszuscheiden. Bei Einraumvölkern werden zur Zeit des Bautriebes (ab Kirschblüte) die Mittelwände zwischen der letzten Brutwabe und der Pollenwabe eingehängt. Dadurch bleibt das Brutnest geschlossen. Sobald aber die Mittelwand ausgebaut wurde, kann sie von der Königin bestiftet und in das Brutnest einbezogen werden. Im Zuge der Raumgabe kann man gleichzeitig 2–5 Mittelwände in die obere Zarge einhängen.

Erweiterung bei Flachzargen-Betriebsweise

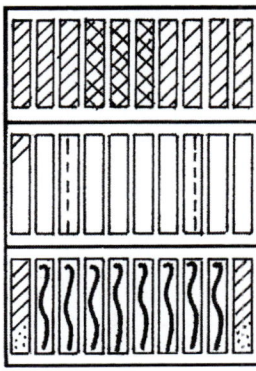

Grundposition: Die Königin brütet ausschließlich in der ersten Einheit. Das Volk muss stark ins Bodenbrett durchsitzen.

Im Zuge der Erweiterung wird eine Zarge mit leeren Waben und zwei Mittelwänden über das Brutnest gesetzt. In der Futterzarge werden drei Waben aufgeritzt.

Zargenwechsel bei einer Zweiraumüberwinterung

Durch den Futterverzehr rückt das Volk im Laufe des Winters immer höher, sodass die Königin im Frühjahr meist in der oberen Zarge mit der Legetätigkeit beginnt. Wenn dieser Bereich voll bebrütet wurde, benötigt sie leere Waben. Da aber eine Königin ungern nach unten geht, ist es erforderlich einen Zargenwechsel durchzuführen und somit kann die Königin wieder in den oberen Raum durchstoßen. Der Zargenwechsel erübrigt sich, wenn die Königin in der unteren Zarge mit der Legetätigkeit beginnt. Bevor der Zargenwechsel durchgeführt werden kann, muss die Königin im mittleren Bereich bis zur Oberleiste durchgebrütet haben. Sind in diesem Bereich noch verdeckte Futterkränze vorhanden, ist es erforderlich diese durch Aufritzen von den Bienen umtragen zu lassen. Zu berücksichtigen wäre auch, dass die Bienen vor dem Zargenwechsel die untere Zarge mindestens zu einem Drittel besetzen. Sollte schon in beiden Zargen Brut vorhanden sein, wird statt des Zargenwechsels eine Brutkorrektur nach unten vorgenommen, indem der Schwerpunkt des Brutnestes durch Umhängen nach unten verlagert wird.

Zargenwechsel

Vorher

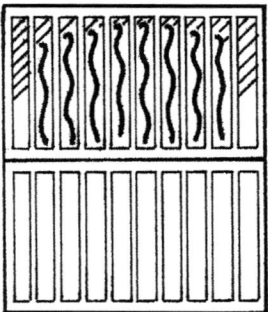

Wenn sich das Bienenvolk bis zum Rand ausgedehnt hat und zu einem Drittel in die untere Einheit hineinsitzt, ist der richtige Zeitpunkt für den Zargenwechsel gegeben.

Nachher

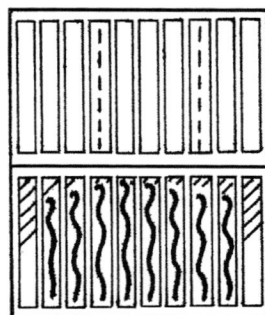

Die Königin muss in der Mitte bis zur Oberleiste durchgebrütet haben, dann wird sie nach dem Zargenwechsel relativ rasch in den zweiten Raum durchbrüten.

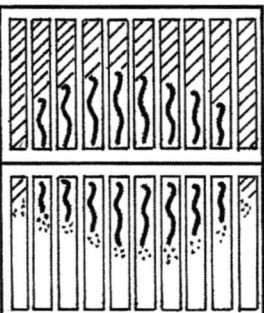

Sollte die Königin sowohl in der ersten als auch in der zweiten Zarge brüten, darf kein Zargenwechsel mehr durchgeführt werden.

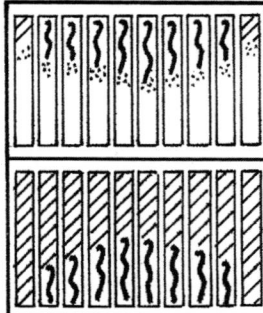

FALSCH: Wird er trotzdem gemacht, kann dies zur Brutverkühlung und zu einem Entwicklungsstopp führen.

Möglichkeiten des Zargenwechsels bei der Flachzarge

Vorher

Nachher

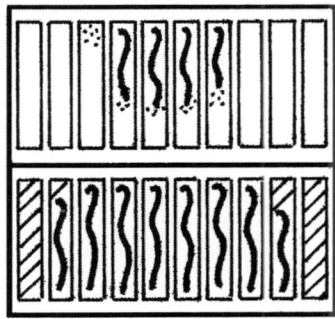

Grundposition: Die Königin brütet in der ersten und zweiten Zarge.

Durch das relativ niedrige Rähmchen kann man bei der Flachzarge den Wechsel auch dann durchführen, wenn sich in der ersten Einheit Brut befindet.

Möglichkeiten des Zargenwechsels bei der Flachzarge

Vorher

Nachher

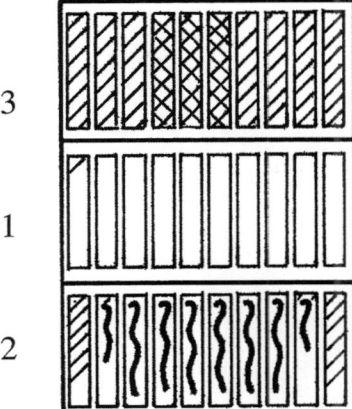

3

2

1

3

1

2

Grundposition: Das Brutnest befindet sich in der zweiten Zarge. Die Dritte ist noch mit Vorräten blockiert. Unter diesen Voraussetzungen ist ein Zargenwechsel mit der ersten Einheit erforderlich.

Zu berücksichtigen ist, dass in der Brutzarge auch seitlich Vorräte vorhanden sind. In der dritten Zarge werden gleichzeitig 2–3 Futterwaben aufgeritzt.

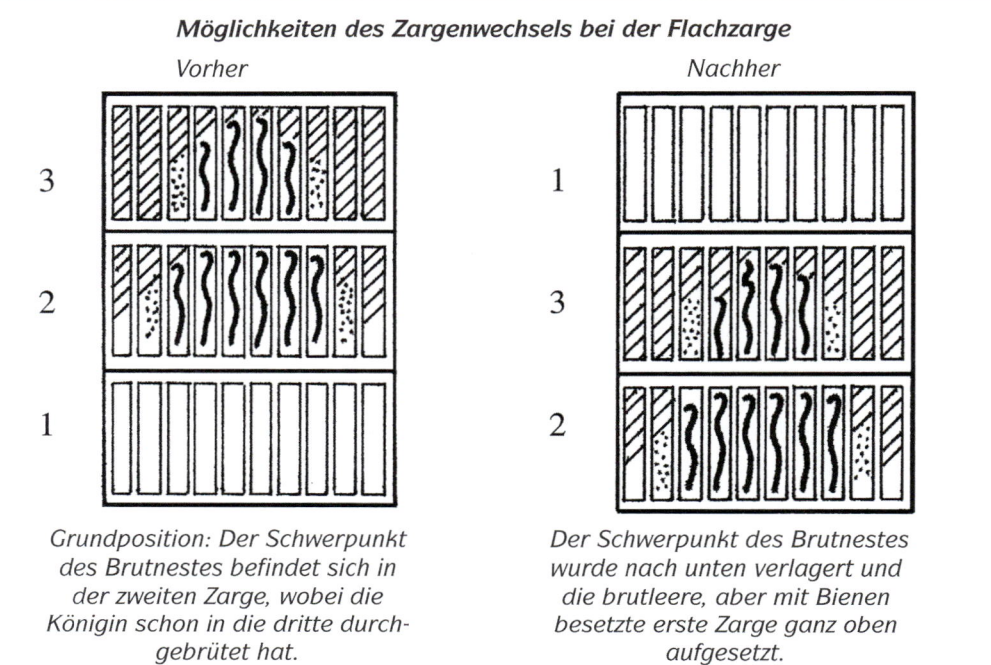

Möglichkeiten des Zargenwechsels bei der Flachzarge

Vorher   Nachher

Grundposition: Der Schwerpunkt des Brutnestes befindet sich in der zweiten Zarge, wobei die Königin schon in die dritte durchgebrütet hat.

Der Schwerpunkt des Brutnestes wurde nach unten verlagert und die brutleere, aber mit Bienen besetzte erste Zarge ganz oben aufgesetzt.

Schwarmphase

Durch die rasante Aufwärtsentwicklung des Bienenvolkes im Frühjahr kann es leicht zu einem Platzmangel für Bienen und Brut kommen. Die Folge ist eine beginnende Schwarmstimmung. Es werden Weiselzellen aufgezogen, die alte Königin beginnt sich in der Legeaktivität einzuschränken und verliert dadurch auch an Größe. Durch die Schwarmstimmung lässt auch die Sammelmotivation stark nach. Aus wirtschaftlichen und arbeitstechnischen Gründen ist eine Reduktion der Schwarmintensität auf jeden Fall erforderlich. Ein unkontrolliertes Abschwärmen von mehr als 10 % der Völker ist nicht tolerierbar und wirkt sich negativ auf den Honigertrag aus.

Mögliche Ursachen für eine aufkommende Schwarmstimmung
- **Futtersaftstau**
    Merkmale: zu viel verdeckte Brut und zu wenig offene, Jungbienen produzieren mehr Futtersaft als die Brut benötigt
    Korrektur: Zargenwechsel, Schröpfen, Raumgabe

Bienenschwarm

- **Volksstärke**
  Merkmale: Raumverhältnisse sind im Verhältnis zur Volksstärke zu knapp bemessen
  Korrektur: Raumgabe, Schröpfen
- **alte Königin**
  Merkmale: Pheromonausscheidung der Königin lässt nach
  Korrektur: Austausch gegen eine junge Königin sowie Zuchtauslese auf Schwarmträgheit
- **Wetter, Tracht, Standort**
  Merkmale: Schlechtwetterperioden und Trachtlosigkeit in der Aufwärtsentwicklung fördern die Schwarmstimmung
  Korrektur: Standort mit mehreren Trachtmöglichkeiten wählen, Völkern eine biologisch richtige Pflege angedeihen lassen

Maßnahmen zur Schwarmverhinderung
Stutzen des Flügels

> Verhindert nur das Wegfliegen des Schwarmes, kann aber die eigentliche Schwarmstimmung nicht unterbinden.

Durchführung: Ein Drittel des linken oder rechten Flügels wird mittels einer feinen Schere gekürzt.

Sobald der Schwarm mit der Königin den Stock verlässt, dreht diese seitlich ab und fällt zu Boden. Durch die Flugunfähigkeit der Königin kehrt somit ein Großteil der Bienen wieder in den Stock zurück. Ein kleiner Rest verbleibt bei der Königin. Bei Nichtbeachtung kann es trotz Flügel-

Weiselzellen zeigen Schwarmstimmung an

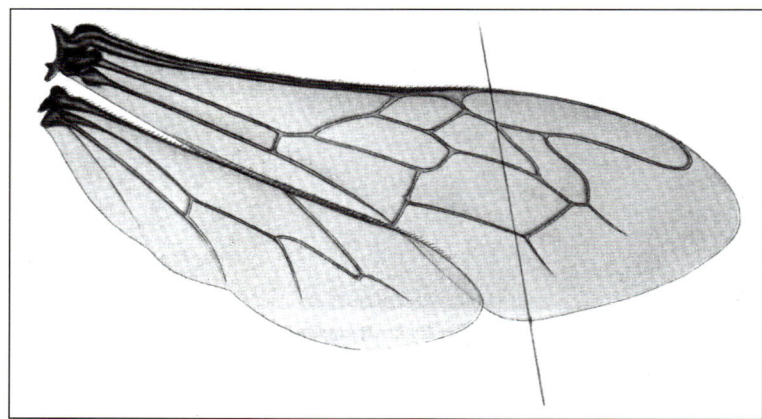

Richtiges Stutzen des Flügels

stutzens zu einem Nachschwarm mit einer jungen Königin kommen. Sinnvollerweise wird man vor allem dann die Praktik des Stutzens durchführen, wenn in der Nähe sehr hohe Bäume vorhanden sind oder es sich um einen Außenstand handelt, zu dem man mehrere Tage nicht hinkommt.

Schröpfen

Durch zeitgerechte Wegnahme von mit Bienen besetzten schlüpfenden Brutwaben kann man das Schwarmfieber kurzzeitig reduzieren. Mit den entnommenen Brutwaben können Ableger gebildet oder schwächere Völker etwas verstärkt werden. Ein Abschröpfen erfordert viel Fingerspitzengefühl, da ein Zuviel das Volk schwächt und dadurch eine aufkommende Tracht nicht optimal genutzt werden kann. Ein zu vorsichtiges Abschröpfen verhindert wiederum die Schwarmstimmung nicht.

Zwischenablegerbildung mit gleichzeitiger Königinnenerneuerung über dem Muttervolk

Wenn herkömmliche Maßnahmen wie Schröpfen oder zeitgerechte Raumgabe nicht mehr ausreichen, um die Schwarmstimmung zu unterbinden, ist es erforderlich dem Problem mit wirkungsvolleren Maßnahmen entgegenzutreten.

> Durch die Zwischenablegerbildung kann man eine fortgeschrittene Schwarmstimmung noch unter Kontrolle bringen und gleichzeitig ohne Risiko eine Königinnenverjüngung erreichen.

Rapstracht kann Schwarmstimmung fördern!

Durchführung

Dem Volk mit Schwarmstimmung werden 4–6 Brutwaben mit den darauf sitzenden Bienen und zwei Honigwaben entnommen und in eine separate Zarge gegeben. Weiters muss man die Stockkönigin vom Muttervolk in den erstellten Ableger geben. Die Zarge wird mit einer Futtertasche mit Futterteig ausgestattet und der frei bleibende Platz mit leeren Waben ergänzt. Zu berücksichtigen ist vor allem auch, dass der Anteil an Bienen im Verhältnis zum Raum und der Brutwabenanzahl nicht zu knapp bemessen sein darf, da zirka 1/3 als Flugbienen zum Muttervolk zurückkehren. Aus diesem Grunde ist es günstig, von zwei besetzten Waben zusätzlich Bienen in den Ableger abzukehren.

Im Muttervolk müssen alle aufgezogenen Weiselzellen bis auf eine ausgebrochen werden. Man hätte aber gleichzeitig auch die Möglichkeit, gutes Zuchtmaterial in das Muttervolk einzubringen. In diesem Falle müssten alle Weiselzellen ausgebrochen und eine gezüchtete Zelle geschützt zugesetzt werden.

Über dem Muttervolk wird ein mit einem kleinen Flugloch ausgestatteter Zwischenboden eingelegt. Der Boden kann auch einen Duftgittereinsatz mit so kleinen Maschenweiten beinhalten, dass die Bienen untereinander keinen Rüsselkontakt haben. Der Ableger mit der Stockkönigin wird auf den Zwischenboden gesetzt, wobei die vorhandenen Flugbienen in weiterer Folge teilweise ins Muttervolk zurückkehren. Durch diesen Effekt verliert der Ableger mit der alten Königin die Schwarmneigung. Sie steigert ihre Legeleistung zu einem schönen geschlossenen Brutnest und somit ist das soziale Gefüge wieder hergestellt. Im Muttervolk schlüpft nach 2–4 Tagen die belassene Weiselzelle und je nach Witterung kann man damit rechnen, dass die junge Königin nach weiteren 8–10 Tagen zum Begattungsflug ausfliegt. Erfahrungsgemäß kann man zu dieser Zeit mit einem Begattungserfolg von 60 bis 80% rechnen. Hat es mit der Begattung geklappt, wird auch diese Königin ein schönes Brutnest anlegen. In diesem Fall ist abzuschätzen, ob der gebildete Zwischenableger mit dem Muttervolk rückvereinigt wird. Sollte ein Trachtangebot in den nächsten Tagen zu erwarten sein, so ist eine Rückvereinigung sicherlich sinnvoll, weil damit das Muttervolk für die Tracht gestärkt wird. Es ist dabei zu berücksichtigen, dass die Königin im Muttervolk schon mindestens vier Waben bebrütet hat. Vor der Rückvereinigung könnte man die alte Königin in Form eines weiteren kleinen Ablegers mit zwei Brutwaben verwerten. Dies wird man aber nur dann durchführen, wenn sie noch befähigt ist, ein schönes geschlossenes Brutnest aufzubauen. Sollte dies nicht der Fall sein, wird die alte Königin vor der Vereinigung abgedrückt.

Terminplanung ist nötig

Ängstliche Imker werden im Zuge der Vereinigung ein Zeitungspapier zwischenlegen, um einer eventuellen Beißerei vorzubeugen. Es geht aber auch ohne diese Maßnahme, nur sollen die Brutwaben des Ablegers nicht ins Muttervolk gehängt werden, sondern die Einheit durch Wegnahme des Zwischenbodens einfach auf das Muttervolk gesetzt werden. Durch die Rückvereinigung verfügt man über ein sehr starkes Trachtvolk mit einer jungen Königin. Sollte aber die Königin beim Begattungsflug verloren gegangen sein, so ist eine Rückvereinigung des Ablegers mit dem Muttervolk erforderlich. In diesem Fall hat man mit der Zwischenablegerbildung zumindest einen Rückgang der Bruttätigkeit durch Schwarmstimmung abfangen können und somit noch starke Völker für die beginnende Tracht zur Verfügung.

> Für den Wanderimker ist zu berücksichtigen, dass er die Zwischenablegerbildung so früh ansetzt, dass die Rückvereinigung noch vor der Wanderung abgeschlossen werden kann.

Imker, welche die Waldtracht schwerpunktmäßig nützen, müssen die Erstellung zwischen 10. und 15. Mai eingeleitet haben, damit die Rückvereinigung bis spätestens Ende Mai abgeschlossen werden kann. Eine Wanderung mit Zwischenablegern ist kompliziert und deshalb eher zu vermeiden.

Zwischenablegerbildung mit gleichzeitiger Königinnenerneuerung über dem Muttervolk

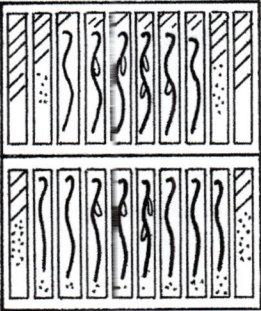

Ausgangsposition: Volk besetzt zwei Zargen und ist in eine akute Schwarmstimmung gekommen. Sowohl verdeckelte als auch offene Weiselzellen sind in beiden Zargen vorhanden.

In eine leere Zarge werden 4–6 Brutwaben plus zwei Futterwaben mit den darauf sitzenden Bienen und der Stockkönigin eingehängt. Eine Futtertasche und Leerwaben ergänzen den Raum. Die vorhandenen Weiselzellen werden ausgebrochen und eine gezüchtete Edelzelle unter Schutz zugesetzt. Über der zweiten Zarge wird ein Zwischenboden eingelegt.

Zwischenablegerbildung mit gleichzeitiger Königinnenerneuerung in Form eines Fluglings

Diese Art kann auch routineweise in einem größeren Betrieb eingesetzt werden, wobei sich die Maßnahme sicherlich auf jene Völker beschränkt, bei denen herkömmliche Methoden der Schwarmverhinderung nicht ausreichend wirksam waren. Der Vorteil gegenüber der bereits beschriebenen Art der Zwischenablegerbildung besteht darin, dass die Stockkönigin nicht aus dem Volk herausgesucht werden muss.

Durchführung

Das Muttervolk, welches in dieser Zeit zwei oder drei Zargen besetzt, wird vom Bodenbrett weggehoben. Auf das bestehende Bodenbrett wird eine leere Zarge gesetzt. Vom Muttervolk werden zwei verdeckelte Brutwaben ohne Bienen in die Mitte der leeren Zarge gehängt. Gleichzeitig wird eine gezüchtete schlüpfreife Weiselzelle, die seitlich geschützt sein muss, vorsichtig in eine der zwei Brutwaben eingedrückt. Sollte keine gezüchtete Weiselzelle zur Verfügung stehen, kann man auch eine verdeckelte Brutwabe mit einer Weiselzelle vom Muttervolk zuhängen. In diesem Fall erübrigt sich ein Schutz. Die Zarge wird dann seitlich mit mindestens zwei Futterwaben ohne Bienenbesatz und mit Mittelwänden ausgestattet. Über diese Zarge kommt wieder ein Zwischenboden mit Flugloch und darauf das Muttervolk, das auf angesetzte Weiselzellen zu kontrollieren ist. Alle vorhandenen Weiselzellen müssen entfernt werden. Das Muttervolk verliert sämtliche Flugbienen an den ursprünglich bienenleeren Zwischenableger, der das alte Bodenbrett behalten hat. Zur Zeit der Zwischenablegerbildung verfügt ein Bienenvolk über genügend Flugbienen, um die eingeschobene Leerzarge problemlos zu besetzen.

> Durch den Flugbienenverlust und die Beseitigung von aufgezogenen Weiselzellen vergeht im Muttervolk die Schwarmneigung. Dies löst bei der Stockkönigin eine Anhebung der Legetätigkeit aus.

Im Zwischenableger schlüpft nach zirka zwei Tagen die junge Königin und nach weiteren 8–10 Tagen kann man damit rechnen, dass sie auch in Eilage gegangen ist. Wenn mindestens vier Waben von der jungen Königin bestiftet wurden, kann die Rückvereinigung unter den gleichen Voraussetzungen wie vorher geschildert durchgeführt werden. Zu erwähnen ist noch, dass eine Zwischenablegerbildung, in welcher Form auch immer, nur bei Flugtätigkeit und nicht unmittelbar vor Einbruch der Dunkelheit eingeleitet werden soll.

Zwischenablegerbildung mit gleichzeitiger Königinnenerneuerung in Form eines Fluglings

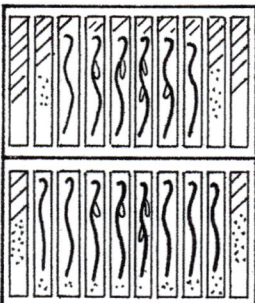

*Ausgangssituation:
wie Abb. auf S. 43*

In eine leere Zarge werden zwei verdeckelte Brutwaben plus zwei Futterwaben, jeweils ohne Bienenbesatz, eingehängt. Eine schlupfreife Weiselzelle wird unter Schutz zugesetzt. Der Rest wird mit Mittelwänden aufgefüllt. Über der ersten Zarge wird ein Zwischenboden eingelegt und das eigentliche Muttervolk aufgesetzt.

Pflege eines Schwarmes
Einfangen und Einlogieren

Trotz der vorher erwähnten schwarmverhindernden Maßnahmen wird es immer wieder vorkommen, dass vereinzelt Völker abschwärmen. Erfahrene Imker können bei der Durchsicht der Völker schon vorgewarnt werden: Einstellung der Bautätigkeit oder aufgezogene Weiselzellen im Brutnestbereich sind Anzeichen für den baldigen Auszug eines Schwarmes. In der Regel zieht ein Schwarm zirka zwei Tage vor dem Schlupf der Jungköniginnen aus. Schlechtwetter kann dies natürlich verzögern. Am ersten schönen Tag nach einer Schlechtwetterperiode sollten daher die Bäume und Sträucher in der Umgebung des Bienenstandes besonders genau abgesucht werden.

Ein Bienenschwarm zieht gerne zwischen 11 und 15 Uhr aus. Vorschwärme mit einer alten Königin bleiben meist in niedrigerer Höhe sitzen als Nachschwärme mit jungen Königinnen.

Bienenschwarm

Nachdem sich die Traube gebildet hat, hält man einen Korb oder ein Kistchen darunter und befördert den Schwarm mit einem kräftigen Ruck hinein. Er kann aber auch mit einem angefeuchteten Beserl in den Auffangkorb gekehrt werden. Um ein Wegfliegen der Bienen großteils zu verhindern, kann die Schwarmtraube leicht mit Wasser besprüht werden.

Ein Schwarm, der schon mehr als zwei Tage am Baum sitzt, kann sehr stechlustig werden. An sehr exponierten Stellen ist es besser, einen Schwarm sitzen zu lassen als einen Unfall zu riskieren.

Wenn man einen Großteil der Bienen im Korb oder Kistchen eingefangen hat, wird es in der Nähe an einem schattigen Platz abgestellt. Ein Spalt wird offen gelassen, damit die restlichen herumfliegenden Bienen einziehen können. Befindet sich die Königin im Korb, wird dies rasch der Fall sein. Ist die Königin aber nicht im Korb oder Kistchen, verlassen die Bienen wieder ihre Behausung und sammeln sich neuerlich um die Königin. Das Einfangen muss dann nach der neuerlichen Traubenbildung der Bienen ein zweites Mal versucht werden. Am Abend wird der Schwarm in eine vorbereitete Beute, welche ausschließlich mit Mittelwänden ausgestattet ist, eingeschlagen.

Der Schwarm ist im Fangkorb

Fütterung

Der mitgenommene Proviant des Schwarmes reicht für drei Tage. Sollte nun ein Schwarm schon 2–3 Tage am Baum sitzen, ist eine sofortige Flüssigfütterung erforderlich.

Es soll anfänglich nicht zu viel Futter auf einmal verabreicht werden, da die Bienen erst die vorhandenen Mittelwände ausbauen müssen, um überschüssiges Futter einlagern zu können. Eine kontinuierliche Futtergabe in kleinen Mengen fördert das Ausbauen und ermöglicht auch die Bildung von Futterkränzen.

Die erforderliche Futtermenge richtet sich nach dem Angebot der Natur und der Volksstärke. Es soll auf jeden Fall so viel Flüssigfutter verabreicht werden, dass im Bereich des Bienensitzes ein verdeckelter Honigkranz von $1/3$ der Wabe aufscheint. Eine kombinierte Fütterung von Futterteig und Zuckerlösung hat sich für die Entwicklung des Schwarmes bestens bewährt. Eine ausschließliche Zuckerteigfütterung verzögert eher die Bautätigkeit. Eine Überfütterung schränkt die Brutausdehnung ein und hemmt die Entwicklung.

Kontrollen und Korrekturen des Schwarmes

Ungefähr zehn Tage nach dem Einlogieren ist die erste Kontrolle vorzunehmen. Diese erstreckt sich auf Wabenbau, Volksstärke, Bienensitz, Weiselrichtigkeit und Futtervorrat. Wenn es sich um einen Vorschwarm handelt, muss zu dieser Zeit bereits Brut vorhanden sein, ansonsten ist er weisellos. Bei einem Nachschwarm hat die Königin im Zuge der ersten Kontrolle im günstigsten Fall soeben mit der Eiablage begonnen. Sollte dies nicht der Fall sein, lässt eine halbkugelförmig angeordnete Zone futterfreier Zellen im mittleren Bereich des Bienensitzes erahnen, dass die Bienen ein Brutnest vorbereiten.

Sind Anzeichen einer Weisellosigkeit vorhanden, wie Unruhe, angeblasene Weiselnäpfchen oder mangelnder Ausbau der Mittelwände, so ist eine Weiselprobe erforderlich um Gewissheit zu bekommen.

Weiselprobe

In das scheinbar weisellose Volk wird eine offene Brutwabe eines anderen Volkes eingehängt. Werden innerhalb von drei Tagen Weiselzellen aufgezogen, ist das Volk weisellos. Sollte dies nicht der Fall sein, so befindet sich eine unbegattete Königin im Volk. Hier empfiehlt es sich die zugehängte Brutwabe wieder herauszugeben, damit es dadurch schneller zur Begattung kommt. Ein weiselloser Schwarm wird mit einer begatteten Königin beweiselt oder mit einem Ableger vereinigt. Sollte beides nicht vorhanden sein, empfiehlt es sich, das weisellose Volk aufzulösen, indem man die Zarge mit den Bienen auf ein weiselrichtiges

Volk setzt. Bei einem schwächeren Schwarm kann es vorkommen, dass er etwas seitlich sitzt und auch nur diesen Bereich ausbaut. In diesem Fall ist es erforderlich den Sitz in die Mitte zu rücken und gleichzeitig einige nicht ausgebaute Mittelwände in und ans Brutnest zu hängen. Eine Flüssigfuttergabe erleichtert den Bienen diese Korrektur.

Erweiterung des Schwarmes

Sobald die Beute von den Bienen optimal besetzt ist und alle Mittelwände ausgebaut wurden, ist der Zeitpunkt zum Erweitern gekommen. Zum Unterschied von Normalvölkern werden bei Schwärmen im Zuge der Erweiterung Brutwaben von der ersten Zarge in die zweite umgehängt, indem man das Brutnest teilt. Der dabei entstandene Leerraum wird mit Mittelwänden aufgefüllt, wobei je Zarge nicht mehr als zwei direkt ins Brutnest gehängt werden sollen. Nach etwa 10–14 Tagen müssen nochmals alle nicht ausgebauten Mittelwände vom Rand in und an das Brutnest umgehängt werden. Somit erreicht man ein vollkommenes Ausbauen der Mittelwände und die Königin kann ihr Brutnest ungehindert über beide Zargen ausdehnen. Bei starken, früh abgegangenen Schwärmen ist unter Umständen eine Waldtrachtausnützung noch möglich. Dabei sollen sich aber zu Beginn der Tracht im Honigraum keine Waben mit Futterkränzen befinden, da sonst unweigerlich eine Vermischung von Honig und Futter stattfindet.

Erweiterung eines Schwarmes

Ausgangssituation: Der Schwarm besetzt den vorhandenen Raum komplett.

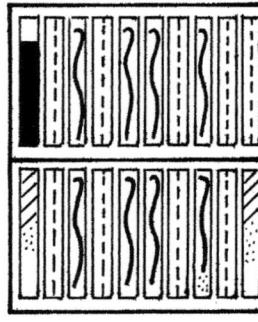

Ungefähr die Hälfte der Brutwaben wird in die zweite Zarge umgehängt, wobei je Zarge maximal zwei Mittelwände ins Brutnest, der Rest außerhalb eingehängt werden. Eine gleichzeitige Futtergabe in Form von Zuckerlösung und Zuckerteig erleichtert den Völkern den Eingriff und beschleunigt das Ausbauen der Mittelwände.

Jungvolkbildung

Die laufende Verjüngung und Ergänzung des Völkerbestandes ist ein fester Bestandteil jeder erfolgreichen Imkerei. Der Umstand, dass sich Bienenvölker sehr leicht und in großer Anzahl vermehren lassen – eine Verdoppelung bis Verdreifachung der Völkerzahl in einem Jahr ist ohne große Ernteverluste möglich – wird vor allem vom wirtschaftlich orientierten Imker genutzt. Er hat durch die Jungvölkerbildung die Möglichkeit, nicht entsprechende Völker aufzulösen und durch gesunde, ertragsfähige Reservevölker zu ersetzen.

Bei konsequenter Durchführung und strenger Selektion kann man den Durchschnittsertrag anheben, stärkere Ertragsschwankungen ausgleichen und den Infektionsdruck durch Bienenkrankheiten reduzieren.

Durch den Verkauf von überschüssigen gesunden Jungvölkern kann man sich auch eine zusätzliche Einnahmequelle schaffen und so den Betrieb krisensicherer gestalten.

Brutableger

Der Brutableger stellt die gebräuchlichste Form zur Vermehrung der Bienenvölker dar. Zu seiner Erstellung benötigt man einen eigenen Ablegerkasten, der auch für eine eventuelle Überwinterung geeignet sein soll, oder ein Reservemagazin samt Bodenbrett und Deckel. Wie die Erfahrung gezeigt hat, bewährt sich bei der Erstellung von Reservevölkern ein Sechswaben-Ablegerkasten bestens. Eine Isolierung des Kastens ist nicht erforderlich, wenn die Ableger bei der Überwinterung im Block aufgestellt werden und sich somit gegenseitig wärmen. Eine Fütterungseinrichtung in Form einer Lade und einer schmalen Futtertasche ermöglicht sowohl eine Flüssig- als auch eine Teigfütterung.

Brutableger können ab dem Zeitpunkt erstellt werden, ab dem man über schlüpfende Weiselzellen oder begattete Königinnen und überschüssige Brutwaben verfügt. Im Zuge der Erstellung muss man bereits wissen, was man mit den Jungvölkern bezwecken möchte, denn danach richtet sich die Anzahl der benötigten Brutwaben.

Soll ein Ableger noch im selben Jahr für eine Tracht einsetzbar sein, muss er so stark erstellt werden, dass er bis Trachtbeginn den Raum von zwei Zargen gut ausfüllt. In diesem Fall werden zur Erstellung 7–8 Brutwaben herangezogen und es empfiehlt sich, gleich eine begattete Königin zuzusetzen.

Die gebräuchlichste Form der Jungvolkbildung in der Zeit der Aufwärtsentwicklung der Völker ist der Ableger mit 2–3 Brutwaben. Dazu benötigt man einen Ablegerkasten, der Platz für sechs Waben bietet.

Die Imkerschaft verwendet auch kleinere und größere Ablegerkästen. In der Praxis hat es sich aber gezeigt, dass ein Sechswabenablegerkasten die meisten Variationen zulässt.

Ablegerbildung

Von einem Volk werden zwei verdeckelte, wenn möglich schlüpfende Brutwaben mit den darauf sitzenden Bienen in den Ablegerkasten gehängt. Die Stockkönigin muss im Muttervolk verbleiben. Wenn vorhanden, entnimmt man dem Muttervolk auch eine besetzte Futterwabe. Sollte dies nicht möglich sein, kann man auch Futterwaben aus anderen Völkern entnehmen oder man verfügt über Reservefutterwaben. Die Beigabe von mindestens einer Futterwabe erübrigt den sofortigen Flüssigfuttereinsatz und reduziert dadurch die Gefahr des Ausraubens. Weiters werden dem Ableger zwei hellere Waben links und rechts ans Brutnest gehängt. Am Rand wird noch eine Futtertasche mit Futterteig verabreicht, um einen ständigen Futterstrom zu erreichen. Um ein richtiges Verhältnis zwischen Wabenanzahl und Volksstärke zu erzielen, werden von zwei Waben noch die darauf sitzenden Bienen dazugekehrt. Der gebildete Ableger kann jetzt entweder mit einer schlüpfreifen Weiselzelle oder einer begatteten Königin beweiselt werden.

Ablegerstand

Dem Ableger durch Beigabe einer Wabe mit junger Arbeiterinnenbrut die Heranzucht einer Königin selbst zu überlassen, ist weniger empfehlenswert, da ein solcher Ableger in der Entwicklung stark zurückbleibt. Für die spätere Volksstärke ist es natürlich nicht gleichgültig, ob die Königin 3–4 Wochen früher oder später in Eilage geht. Eine gezüchtete, nicht stockeigene Weiselzelle muss geschützt zugesetzt werden, da sonst die Gefahr des seitlichen Aufbeißens durch die Stockbienen besteht. Dies kann durch ein auf die Zelle aufgestecktes Plastikrohr mit zirka 16 mm Durchmesser geschehen. Die so geschützte Zelle wird vorsichtig seitlich in eine Brutwabe eingeschnitten oder eingedrückt. Es muss dabei darauf geachtet werden, dass die junge Königin beim Schlüpfen nicht behindert ist. Hat man eine begattete Königin zur Verfügung, so wird diese mittels eines Steckkäfigs unter festem Verschluss zwischen den zwei Brutwaben eingehängt. Der Vorteil einer begatteten Königin gegenüber einer Weiselzelle liegt darin, dass sie nach der Freigabe sofort mit der Legetätigkeit beginnen kann und das Begattungsrisiko dabei ausgeschaltet wird.

Ableger in Kunststoffbeute

Ableger mit ausgebauter
Mittelwand

Wenn der gebildete Ableger am gleichen Stand aufgestellt werden muss, so ist eine dreitägige Kellerhaft in einem abgedunkelten Raum unbedingt erforderlich, damit einerseits die Flugbienen nicht zu stark zurückfliegen und andererseits die Raubgefahr reduziert wird.

Nach der Kellerhaft wird der Ableger am Abend aufgestellt und das Flugloch freigegeben.

Ableger, welche außerhalb des Flugradius (3 km) gebracht werden, können noch am Tag der Erstellung kurz vor Einbruch der Dunkelheit aufgestellt werden. Bei einem Ableger mit einer begatteten Königin wird diese unter Zuckerteigverschluss am dritten oder vierten Tag nach der Erstellung freigegeben. Gleichzeitig kontrolliert man die Brutwaben auf eventuell aufgezogene Weiselzellen. Eine Flüssigfütterung soll bei Bedarf frühestens eine Woche nach der Erstellung eingeleitet werden. Bei Zellablegern kann man unter günstigen Witterungsvoraussetzungen damit rechnen, dass die Königinnen frühestens am 10. Tag nach der Erstellung in Eilage gegangen sind. Sollte die junge Königin beim Begattungsflug verloren gegangen sein, so ist eine Wiederbeweiselung nur mit einer begatteten Königin sinnvoll.

Erstellung eines Brutablegers mit einer begatteten Königin

Muttervolk

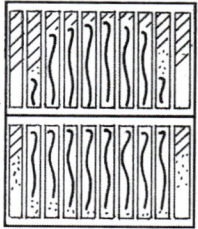

Ableger

14 Tage danach

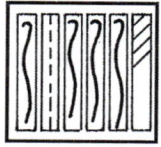

Ausgangssituation:
Gesundes Volk,
welches den beste-
henden Raum schon
besetzt und bei dem
eine Erweiterung oder
Schröpfung erforder-
lich wäre.

Erstellung:
2 Brutwaben,
1 Mittelwand,
1 Futterwabe,
1 Leerwabe,
1 Futtertasche,
1 begattete
Königin

Die leere Futtertasche wird herausgenommen und durch eine Mittelwand ersetzt.

Erstellung eines Brutablegers mit einer verdeckelten Weiselzelle

Muttervolk

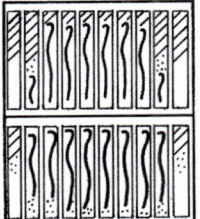

Ableger

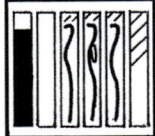

14 Tage danach

Ausgangssituation:
wie Abb. auf S. 50

Erstellung:
3 Brutwaben,
1 Futterwabe,
1 Leerwabe,
1 Futtertasche,
1 schlüpfreife
Weiselzelle

Die leere Futtertasche wird herausgenommen und gleichzeitig kontrolliert, ob die Königin schon in Eilage
gegangen ist. Wenn ja, dann wird
eine Mittelwand eingehängt, ansonsten eine ausgebaute Wabe.

Ablegerbildung nach der Tracht

Imker mit einer größeren Völkeranzahl bevorzugen die Bildung ihrer Jungvölker in die Zeit nach der Tracht zu verlegen. Dies hat den Vorteil, dass
man zu einer Zeit, in der bei den Bienenvölkern ein hoher Arbeitsaufwand zu verzeichnen ist, nicht noch zusätzlich mit der Jungvolkbildung
und -betreuung belastet ist. Ein weiterer Vorteil besteht darin, dass die
Wirtschaftsvölker in der Aufwärtsentwicklung nicht gestört werden und
nach der Tracht das meist überschüssige Brut- und Bienenpotenzial sinnvoll Verwendung findet. Als letztmöglicher Termin ist Anfang August an-
zusehen. Die erforderlichen Brutwaben kann man wiederum durch vorsichtiges Schröpfen der Wirtschaftsvölker bekommen.

Es besteht aber auch die Möglichkeit, Völker, welche nicht die Über-
winterungsstärke erreichen und keine Krankheitsanzeichen aufweisen, für die Ablegerbildung einfach aufzuteilen. Aus einem für die
Auflösung bestimmten Volk kann man 3–4 Ableger erstellen.

Eine Voraussetzung ist die erforderliche Anzahl an begatteten Königinnen, da zu dieser Zeit nur mehr mit solchen Königinnen gearbeitet werden kann. Ansonsten ist der ordnungsgemäße Aufbau eines Wintervolkes nicht mehr gewährleistet. Die Erstellung des Ablegers wird genauso
durchgeführt, wie es vorher beschrieben wurde. Es sollte aber möglichst

rasch gearbeitet werden, da um diese Zeit meist Trachtlosigkeit herrscht und deshalb leicht ein Wirbel am Stand entstehen könnte. Die Sechswabenableger müssen auf einem eigenen Ablegerstand außerhalb des Flugbereiches und aus wärmetechnischen Gründen im Block aufgestellt werden. Wird ein Volk zur Ablegerbildung aufgelöst, bleibt zirka 14 Tage an dessen Stelle ein Ableger zur Aufnahme der Flugbienen stehen. Nach dieser Zeit kann er zu den übrigen dazugestellt werden.

Ungefähr nach 14 Tagen kann man damit rechnen, dass die Futtertasche ausgefressen wurde und durch eine helle Wabe ersetzt werden kann. Gleichzeitig soll mit der Flüssigfütterung begonnen werden. Nach Verabreichung von zirka 8 Liter Zuckerlösung 3:2, welche in kleinen Etappen erfolgen soll, wird eine Futterkontrolle vorgenommen. Der Vorrat soll je nach Rähmchengröße 8–10 kg Futter umfassen. Ableger, die im Aufbau Entwicklungsstörungen aufweisen, werden einfach aufgelöst und auf andere Ableger verteilt. Solche in Blöcken überwinterte Ableger besetzen zur Kirschblüte des darauf folgenden Jahres größtenteils den bestehenden Raum und können somit in eine zehnrahmige Zarge umlogiert und als Waldtrachtvölker aufgebaut werden.

Brutablegerbildung nach der Tracht

Muttervolk

Zeitpunkt: Ende der Tracht – Ein Muttervolk wird in mehrere Ableger aufgeteilt.

Erstellung   **14 Tage danach**   **Nach der Auffütterung**

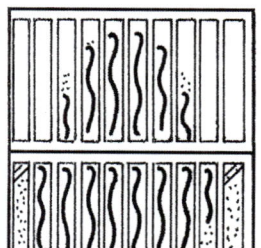

10–14 Brutwaben

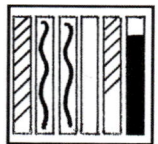

1 Futtertasche,
2 Futterwaben,
2 Brutwaben,
1 Leerwabe,
1 beg. Königin

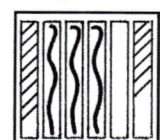

Futtertasche
entfernen, 3–4 l
Zuckerlösung
füttern

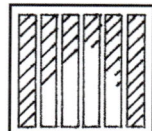

Nach der
Auffütterung
Futterkontrolle
durchführen

Kehrschwarm (Kunstschwarm)

Ein erfahrener Imker kann seinen Völkerbestand auch durch die Bildung von Kehrschwärmen vor und nach der Tracht aufstocken und so für Reservevölker sorgen. In der Aufwärtsentwicklung ist es sicherlich nur dann sinnvoll, wenn überschüssiges Bienenfleisch vorhanden ist und der

Ertrag durch die Schröpfung nicht geschmälert wird. Kehrschwärme werden grundsätzlich nur mit begatteten Königinnen gebildet.

> Der wesentliche Vorteil dieser Art der Jungvolkbildung liegt darin, dass für den Aufbau keine ausgebauten Waben vorhanden sein müssen und eine Übertragung von Brutkrankheiten eher ausgeschlossen werden kann.

Kehrschwarmbildung in der Aufwärtsentwicklung

Da man für den Kehrschwarm eine begattete Königin benötigt, ist in unseren Regionen frühestens Mitte Mai eine Erstellung möglich. In dieser Zeit ist auch die Schwarmstimmung am Höhepunkt angelangt und man kann Jungvolkbildung und Schwarmverhinderung sinnvoll verbinden und in einem Arbeitsgang erledigen. Zur Bildung eines Kehrschwarmes benötigt man ein Schwarmkistchen mit einer Fütterungsvorrichtung und einen Abkehrtrichter. Eine begattete Königin wird in einem Käfig unter festem Verschluss in die Kiste gehängt. Danach fegt man junge Bienen, welche leicht mit Hilfe eines Wasserzerstäubers angesprüht wurden, in den vorbereiteten Kasten hinein. Dies verhindert ein zu starkes Abfliegen der Bienen. Es können dies ohne weiteres Bienen von mehreren Völkern sein, nur muss die Stockkönigin entweder vorher herausgesucht werden oder sie ist durch die Verwendung eines Absperrgitters in der ersten Zarge. In diesem Fall werden die Bienen nur vom Honigraum entnommen. Der erstellte Kehrschwarm soll je nach Raumgröße und Rähmchenanzahl zwischen 1,5 und 2,2 kg Bienen beinhalten. Um eine gewünschte Volksstärke exakt zu erreichen, bedient man sich nötigenfalls einer Waage.

Kehrschwarmbildung bei der Honigernte

> Das Kehrschwarmkistchen darf nicht mehr als bis zu einem Drittel mit Bienen angefüllt werden, da diese sonst verbrausen könnten.

Kehrschwarm wird ins Bodenbrett eingeschlagen

Nachdem die erforderliche Menge an Bienen abgestoßen wurde, entfernt man den Trichter unter Zusammenstauchen des Schwarmes, verschließt die Öffnung mittels eines Deckels und stellt das Kistchen in den Keller. Im Zuge der Kellerhaft, welche 2–3 Tage andauern soll, ist eine kleine Flüssigfuttergabe (zirka 1 Liter Zuckerlösung) erforderlich, ansonsten könnte der Schwarm in dieser Phase verhungern. Die erwähnte Kellerhaft ist unbedingt notwendig, um das Zusammengehörigkeitsgefühl der neuen Bienengemeinschaft zu fördern und eine Traubenbildung zu ermöglichen. Am Abend des zweiten oder dritten Tages wird der Kehr-

Eingeschlagener Kehrschwarm auf Mittelwänden mit Königinnenkäfig

Kehrschwärme nach der Kellerhaft warten auf das Einschlagen

schwarm in eine mit Mittelwänden ausgestattete Beute eingeschlagen. Gleichzeitig wird die Königin unter Zuckerteigverschluss gegeben und der Käfig in die mittlere Wabengasse eingehängt. Anschließend kann man mit einer kontinuierlichen Futtergabe in kleinen Portionen beginnen. Die weitere Pflege gleicht der eines Naturschwarmes.

Kehrschwarmbildung nach der Tracht

Sofort nach Ende der Tracht werden von den Völkern die überschüssigen Honigräume abgenommen. Vor allem bei der Einraumüberwinterung ist ein Überhang an Bienen vorhanden, welcher nun für die Kehrschwarmbildung herangezogen werden kann. Wurde während der Tracht ein Absperrgitter verwendet, lässt sich diese Arbeit sehr rationell abwickeln. Die Stärke soll um diese Zeit 1,8–2 kg Bienen betragen, wofür je nach Besatzdichte 20–30 Waben abgeschüttelt werden müssen. Die weitere Vorgangsweise ist gleich wie bei der Kehrschwarmbildung in der Aufwärtsentwicklung. Nach Trachtschluss gebildete Schwärme sollten auf ausgebaute Jungfernwaben eingeschlagen werden. Die Auffütterung soll bis spätestens Mitte September abgeschlossen sein.

Nach Trachtschluss gebildete Kehrschwärme

Saugling

Möglichkeiten der Sauglingsbildung

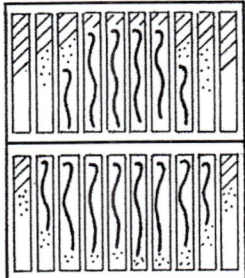

Ausgangssituation: starkes, gesundes Zweiraumvolk mit einer überdurchschnittlichen Brutausdehnung

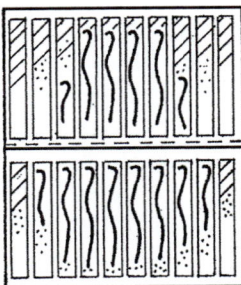

Die Bienen der zweiten Einheit werden in die erste hineingeschüttelt, um sich das Suchen nach der Königin zu ersparen. 4–6 Brutwaben und einige Futterwaben verbleiben in der zweiten Zarge. Danach wird ein Absperrgitter eingelegt.

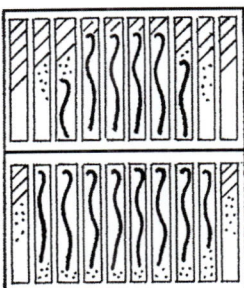

Ausgangssituation wie oben

In eine leere Zarge werden 4–6 Brutwaben ohne Bienen eingehängt. Der restliche Platz wird mit 1–2 Futterwaben, einer Futtertasche und honigfeuchten Leerwaben ergänzt. Das Absperrgitter wird über der zweiten Zarge eingelegt. Eine Zarge mit Leerwaben wird zwischengesetzt.

Erstellung eines Sauglings
zur Jungvolkbildung

Die Sauglingsbildung stellt eine rationelle Verjüngungsart dar, welche bei Verzicht auf den Ertrag in der Aufwärtsentwicklung, aber sinnvoller noch im Zuge des Aberntens zur Anwendung gelangt. Die Voraussetzungen dafür sind ein starkes Zweiraumvolk und das Vorhandensein von begatteten Königinnen. Bei der Erstellung wird die Hälfte der vorhandenen Brutwaben (offene und verdeckelte) ohne Bienen über das Absperrgitter in die zweite Zarge gehängt. Da vorher die Bienen in die erste Zarge zurückgeschüttelt werden, erübrigt sich das zeitaufwendige Suchen der Stockkönigin. Weiters werden zwei bienenfreie Futterwaben sowie eine Futtertasche mit Futterteig in die obere Zarge hineingehängt und der restliche Leerraum mit hellen eventuell honigfeuchten Waben aufgefüllt. In der ersten Zarge werden die verbliebenen Brutwaben zusammengehängt und der Freiraum mit Waben ergänzt. Durch die vorhandene offene und verdeckelte Brut im Honigraum werden Jungbienen aus der unteren Zarge stark angezogen und wandern durch das Absperrgitter in die obere Zarge. Nach ungefähr 24 Stunden wird die besetzte Zarge abgehoben, auf ein separates Bodenbrett gesetzt, gleichzeitig eine begattete Königin im Steckkäfig unter festem Verschluss zugesetzt und der Saugling auf einen mindestens 3 km entfernten Ablegerstand überstellt. Nach weiteren drei Tagen werden die Brutwaben des Sauglings auf eventuell aufgezogene Weiselzellen überprüft. Sind welche vorhanden, werden sie beseitigt. Gleichzeitig wird die Königin unter Zuckerteigverschluss freigegeben.

Die gleiche Art in der Durchführung könnte man nach der Tracht bei starken Dreiraumvölkern anwenden, mit dem Unterschied, dass das Absperrgitter über die zweite Zarge eingelegt wird und Brutwaben in die dritte Zarge umgehängt werden.

Sollte ein einzelnes Volk durch die Sauglingsbildung überfordert sein, so besteht auch die Möglichkeit, von einem Volk nur die Brutwaben ohne Bienen zu entnehmen und diese Zarge beim nächsten Volk übers Absperrgitter aufzusetzen, um hier einen Teil der Stockbienen sozusagen abzusaugen. Daraus erklärt sich auch der Ausdruck „Saugling".

Zwischenablegerbildung zur Überwinterung über dem Muttervolk

Bildung von Reservevölkern

Im Zuge der Schwarmverhinderung haben wir schon verschiedene Möglichkeiten der Zwischenablegerbildung kennengelernt. Hier soll eine Möglichkeit für die Zeit nach der Ernte dargestellt werden, die es erlaubt relativ spät noch zu Jungvölkern zu kommen. Die Voraussetzungen dafür sind nicht zu stark abgearbeitete gesunde Zweiraumvölker und Zargen, welche über ein Bohrloch mit 20 mm Durchmesser verfügen.

Durchführung
In die obere Zarge werden 5–6 Brutwaben mit den darauf sitzenden Bienen ohne Königin hineingehängt. Weiters müssen so viele Bienen von der ersten Zarge dazugeschüttelt werden, dass ein optimaler Besatz der Wabengassen gewährleistet ist. Der Flugbienenanteil kehrt nach der Trennung wieder ins Muttervolk zurück und dies könnte bei einer schlechten Besatzdichte zu Entwicklungsstörungen des Zwischenablegers führen. Weiters werden zwei Futterwaben sowie eine Futtertasche mit Futterteig

Zwischenablegerbildung nach der Tracht zur Überwinterung über dem Muttervolk

Muttervolk

Ein starkes, gesundes Muttervolk wird geteilt. Die Stockmutter bleibt in der Bodenzarge.

Nach erfolgter Auffütterung

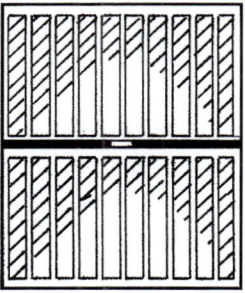

Futter zirka 12 kg

Nach der Erstellung

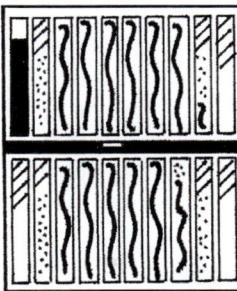

Die Anzahl der Brutwaben wird gleichmäßig auf die zwei Zargen aufgeteilt. Ein Zwischenboden mit Duftgitter wird eingelegt. In der oberen Einheit wird eine begattete Königin unter festem Verschluss zugesetzt. Seitlich wird eine Futtertasche mit Futterteig zugehängt.

zugehängt. Der vorhandene Freiraum in der unteren und oberen Zarge wird mit helleren Waben aufgefüllt. Im Zwischenableger wird eine begattete Königin im Steckkäfig unter festem Verschluss im Brutnestbereich eingehängt. Zwischen den zwei Zargen wird ein Duftgitter eingelegt, sodass dem Ableger zwar die Abwärme des Muttervolkes zugute kommt, ein Rüsselkontakt untereinander aber verhindert wird. Gleichzeitig gibt man in der oberen Zarge das Bohrloch frei, sodass eine Flugmöglichkeit gewährleistet ist. Sollte kein Duftgitter zur Verfügung stehen, würde ein doppelt eingelegtes Fliegengitter den gleichen Zweck erfüllen. Nach drei Tagen wird die Königin nach vorheriger Durchsicht der Brutwaben und Beseitigung der aufgezogenen Weiselzellen unter Zuckerteigverschluss freigegeben. Nach einigen Tagen kann mit der Auffütterung begonnen werden. Es ist dabei zu berücksichtigen, dass einerseits die geteilten Völker nicht überfüttert, andererseits aber auch nicht zu knapp aufgefüttert werden. Eine kurze Futterkontrolle kann darüber exakt Aufschluss geben.

So gebildete Zwischenableger können im darauf folgenden Frühjahr zum Beweiseln oder Verstärken herangezogen werden oder man stellt sie zur Zeit der Kirschblüte auf ein neues Bodenbrett und überführt sie anschließend auf einen neuen Standplatz. Bei einer richtigen Pflege kann man solche Zwischenableger im darauf folgenden Frühjahr zu einem leistungsfähigen Ertragsvolk aufbauen.

Erweiterung und Bauerneuerung durch Mittelwandgabe

Erweiterung auf die dritte Zarge

Nachdem die Königin beide Zargen in das Brutnest einbezogen hat und der bestehende Raum von den Bienen optimal besetzt wird, ist der Zeitpunkt für den nächsten Erweiterungsschritt gekommen. Diese Raumgabe kann in einem gemischten Betrieb mit einer Flachzarge, ansonsten mit einer Normalzarge erfolgen. Wenn die Königin bei den erweiterungsfähigen Völkern schwerpunktmäßig in der zweiten Zarge brütet, ist vor der Raumgabe eine Brutkorrektur nach unten erforderlich, ansonsten besteht die Gefahr, dass sie sofort in den dritten verabreichten Raum durchstößt und dadurch die erste Zarge brut- und besatzmäßig eher vernachlässigt. Während der Trachtzeit verhindert das vermehrte Honigaufkommen einen zu starken Aufwärtstrend der Königin in die dritte Zarge.

Der zweite Erweiterungsschritt folgt ungefähr 14 Tage nach der ersten Erweiterung (mit Absperrgitter).

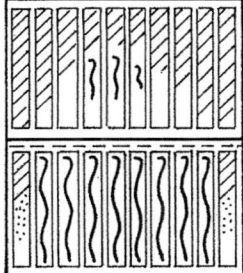

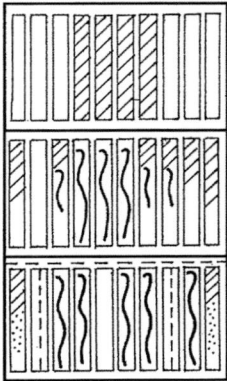

Wenn der zweite Raum ausreichend von Bienen besetzt ist und mit Honig vollgetragen wurde, ist der nächste Erweiterungsschritt einzuleiten.

In eine leere Zarge werden zirka vier Honigwaben vom zweiten Raum umgehängt und der Rest mit Waben aufgefüllt. Von der ersten Zarge werden drei verdeckelte Brutwaben in den zweiten Raum gehängt. Die Königin bleibt unten. Bei einem Bautrieb können nochmals zwei Mittelwände verabreicht werden.

Erweiterung von der zweiten auf die dritte Zarge (ohne Absperrgitter)

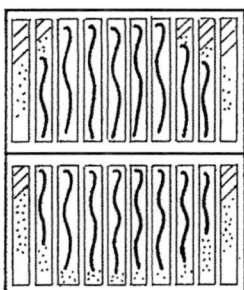

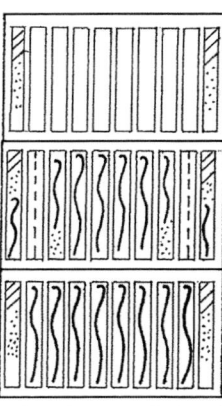

Die Königin hat beide Zargen in das Brutnest einbezogen, inklusive der verabreichten zwei Mittelwände. Der bestehende Raum wird von den Bienen gut besetzt.

Der dritte Raum wird auf den bestehenden aufgesetzt, ohne dass die Brut nach oben gehängt wird. In der zweiten Zarge werden bei Tracht zwei Mittelwände eingehängt. Der Schwerpunkt des Brutnestes muss durch Umhängen der Brut in die erste Zarge verlagert werden.

Verwendung eines Absperrgitters

Absperrgitter

Es gibt kaum ein Thema – mit Ausnahme der immer wieder aufflammenden Beutendiskussion – welches soviel Emotionen hervorruft wie das Für und Wider eines Absperrgittereinsatzes. Jedes Jahr sind unterschiedliche Voraussetzungen von Tracht und Volksstärke zu erwarten und machen deshalb eine laufende Einstellung des Imkers auf die momentanen Gegebenheiten erforderlich. Grundsätzlich kann man davon ausgehen, dass in guten Trachtjahren auf ein Absperrgitter ohne weiteres verzichtet werden kann, da durch das starke Honigaufkommen eine natürliche Bruteingrenzung in den unteren Bereich gewährleistet ist. In einem solchen Jahr ist der Imker auch eher bereit, Honigwaben großzügiger im Volk zu belassen, wenn sich darauf kleinere Brutflächen befinden. Leider imkern wir in keinem unbedingt begünstigten Honigland und deshalb müssen wir größtenteils mit niedrigerem Honigaufkommen rechnen. Hier kann der richtige Einsatz des Absperrgitters dazu beitragen, den eingetragenen Honig fast restlos ernten zu können ohne in die Verlegenheit zu kommen, auch Brutwaben mit breiteren Honigkränzen zu schleudern.

Im Unterschied zur Hinterbehandlungsbeute, bei der das Absperrgitter bereits im Zuge der Honigraumfreigabe eingelegt wird, kommt es beim Magazin erst zu Beginn der Haupttracht zum Einsatz. In der Aufwärtsentwicklung soll sich das Volk ungehindert entfalten können und dabei würde sich ein Absperrgitter hemmend und dadurch meist auch schwarmfördernd auswirken. Der Hinterbehandlungsimker versucht dieses Problem durch kontinuierliches Brutumhängen und Schröpfen etwas zu entschärfen. Dies hat einen sehr hohen Arbeitsaufwand zur Folge und bringt auch nicht immer den erhofften Effekt.

> Die Aufgabe des Absperrgitters beschränkt sich heute darauf, zur Schleuderzeit eine exakte Trennung von Brut und Honig zu erzielen. Aus diesem Grunde wird es erst zu Beginn der Haupttracht eingesetzt, wenn das Volk den Höhepunkt seiner Entwicklung erreicht hat.

Je radikaler eine Königin gesperrt wird, umso mehr muss man darauf achten, dass sie in ihrem Brutnestbereich genügend leere Zellen zur Eiablage vorfindet. Legt man das Absperrgitter über der zweiten Zarge ein, braucht man diesbezüglich keine Vorsorge zu treffen, da genügend Zellen vorhanden sind. Es wird aber durch die großzügigere Brutraumgabe nicht ganz zu vermeiden sein, dass in der zweiten Zarge der Honig auch teilweise auf Brutwaben abgelagert wird und dadurch nicht schleuderbar ist. Allgemein kann man feststellen, dass die sachgerechte Verwendung eines

Absperrgitters einerseits eine sehr rationelle Honigernte erlaubt, da man weder auf die Brut noch auf die Königin Rücksicht nehmen muss, und andererseits die Nachsommerbehandlung durch das vorhandene geordnete Brutnest wesentlich erleichtert wird.

Honigernte

Ein wirtschaftlich orientierter Imker muss bestrebt sein, möglichst viel Honig aus seinen Völkern zu ernten. Dies muss aber im Einklang mit den biologischen Gegebenheiten des Bienenvolkes und dem Angebot der Natur stehen. Eine Ausbeutung ohne die Schaffung der notwendigen Randbedingungen gleicht einer Vergewaltigung des Bienenvolkes. Aus diesem Grunde soll der Vorrat im Brutnestbereich den Völkern selbst vorbehalten bleiben. Bei erforderlichen Zwischenschleuderungen, die vor allem durch die beschränkten Raumverhältnisse beim Hinterbehandler notwendig sind, soll großzügig Honig in den Völkern belassen werden, sodass bei plötzlichem Aussetzen der Tracht nicht eine Hungerphase eintritt oder eine Notfütterung in Form von Flüssigfutter eingeleitet werden muss.

Der Lohn des Imkers

> Der Schleuderzeitpunkt richtet sich nach der Menge des Honigaufkommens, dem vorhandenen Platz zur Einlagerung und dem Reifezustand des Honigs. Unreif geschleuderter Honig ist nicht lagerfähig und kann je nach Wassergehalt in kürzester Zeit in Gärung übergehen.

Ein noch nicht gelöstes Problem stellt derzeit das vermehrte Aufkommen von Melezitosehonig für den betroffenen Imker dar. Dieser Honig kandiert sehr rasch, meist noch in der Wabe und ist aus diesem Grunde größtenteils nicht schleuderbar. Manche Imker versuchen dieses Problem zu umgehen, indem sie in sehr kurzen Zeitabständen schleudern. Man kann dadurch zwar einen Teil des Melezitosehonigs noch schleudern, aber er ist total unreif und somit nicht lagerbar. Ein sofortiger Abverkauf nach erfolgter Schleuderung bewirkt die Gärung beim Honigkunden und bringt eine unnötige Verärgerung oder überhaupt den Verlust des Abnehmers mit sich. Die derzeit einzige und sinnvolle Verwertung besteht in der Gewinnung von Wabenhonig oder durch eine Rückfütterung im darauf folgenden Frühjahr. Da in unseren Regionen der Melezitosehonig in der Regel erst im Juli auftritt, ist es sinnvoll – soweit das Honigaufkommen und der Reifegrad es zulassen – den Lecanienhonig

Reife Honigwabe   durch eine Zwischenschleuderung zu ernten und damit eine Vermischung mit Melezitosehonig zu vermeiden.

> Ein Honig ist dann als reif anzusehen, wenn entweder die Wabe größtenteils verdeckelt ist oder bei der Stoßprobe kein Honig aus den nicht verdeckelten Zellen herausspritzt.

Im Zweifelsfall wartet man eine Schlechtwetterphase ab, in der den Bienen durch die Trachtunterbrechung genügend Zeit zur Verarbeitung bleibt. Danach ist eine Schleuderung auf jeden Fall möglich. Entscheidend für die optimale Ausreifung ist auch eine richtige Abstimmung der Raumverhältnisse auf die bestehende Volksstärke. Bei Völkern mit einem zu großzügigen Raumangebot kommt es durch die vorhandenen Temperaturunterschiede in den einzelnen Einheiten unweigerlich zur Kondenswasserbildung und der Honig nimmt durch seine hygroskopische Wirkung diese Feuchtigkeit auf. Dadurch wird der Wassergehalt des nicht verdeckelten Honigs empfindlich angehoben. Die Folgen sind wiederum eine Qualitätsverminderung und die Gefahr einer Gärung. Genauso falsch wäre es aber, trotz voller Honigräume nicht zu schleudern, da durch Platzmangel die Sammelmotivation stark nachlässt und die Gefahr eines Verhonigens des Brutraumes besteht. Melezitosehonig bildet dabei natürlich eine Ausnahme.

Verschiedene Möglichkeiten der Honigwabenentnahme

Abschütteln und Abkehren der Waben

Die am weitesten verbreitete Methode ist wohl das Abschütteln und Abkehren der Honigwaben. Dabei werden die Waben durch einen kräftigen Ruck vom Großteil der Bienen befreit. Die restlichen Bienen werden mit einem so genannten Abkehrbeserl entfernt. Von Zeit zu Zeit wird das Beserl durch Eintauchen in bereitstehendes Wasser gut gereinigt und angefeuchtet. Anschließend muss es gut abgeschüttelt werden, damit zum Honig kein Wasser dazukommt. Sollte der Honig im Zuge des Abschüttelns zu spritzen beginnen, muss die Wabenentnahme sofort unterbrochen werden.

Abkehren von reifen Honigwaben

Bienenflucht

Für größere Betriebe hat sich die Anwendung von Bienenfluchten sehr bewährt, da man sich dadurch doch erhebliche Zeit ersparen kann. Vor allem zu einem Zeitpunkt, an dem keine Tracht vorhanden ist und die Bienen im Zuge der Honigraumentnahme sofort zu suchen beginnen, kann die Verwendung einer Bienenflucht eine große Erleichterung bringen. Damit der Effekt voll zum Tragen kommt, dürfen im Honigraum weder Brut noch Drohnen vorhanden sein. Brut würde die Bienen am Verlassen des Raumes hindern, da sie das Bestreben haben diese zu wärmen. Bei Drohnen besteht die Gefahr, dass die Fluchtschlitze verstopft werden. Als Nachteil wäre anzuführen, dass die Honigwaben abkühlen und deshalb vor der Schleuderung leicht angewärmt werden sollen, um eine bessere Ausbeute zu erreichen. 1–2 Tage vor der Schleuderung wird eine Platte mit zwei diagonal angeordneten Bienenfluchten zwischen Honigraum und Brutraum eingelegt. Im Handel werden auch große Bienenfluchten mit strahlenförmigen Ausgängen angeboten. Am nächsten oder übernächsten Tag kann der bienenfreie Honigraum abgenommen werden. Sollten noch einzelne Bienen auf den Waben sitzen, werden sie abgefegt.

Abschütteln von reifen Honigwaben

Geruchsmittel (Repellents)

In der Weltimkerei werden verschiedene Geruchsmittel zum Hinuntertreiben der Bienen von den Honigwaben angewandt. Sie weisen aber

Honigernte mittels Bienenflucht

Entdeckeln mit der Entdeckelungsgabel

Entdeckeln mit der Entdeckelungsmaschine

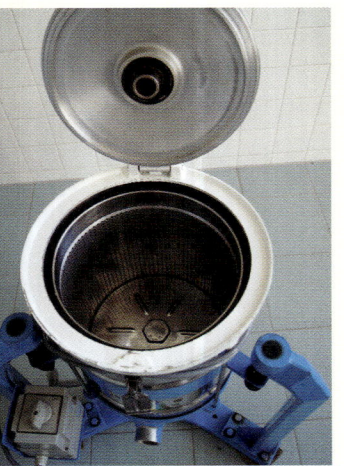

Entdeckelungswachsschleuder

zwei gravierende Nachteile auf. Erstens werden die Bienen je nach Rähmchenhöhe oft nur aus zwei Dritteln des Raumes zurückgedrängt und man muss trotzdem die Waben abschütteln, zweitens riechen diese Mittel größtenteils sehr unangenehm und es besteht die Gefahr, dass der nicht verdeckelte Honig diesen Geruch aufnimmt. Zur Wahrung der Honigqualität ist von dieser Art der Honigentnahme abzuraten.

Mechanische Hilfsmittel

Dabei handelt es sich um ein starkes Gebläse („Bee Blower"), mit dessen Hilfe die Bienen aus den Wabengassen herausgeblasen werden. Dieses Gerät kommt in unseren Breiten inzwischen auch in Erwerbsimkereibetrieben erfolgreich zum Einsatz, da dort die entsprechenden Rahmenbedingungen (bodennahe Aufstellung der Bienen, Betriebsgröße, Flachzargen als Honigraum) gegeben sind.

Schleuderung

Der Schleuderraum stellt die Visitenkarte des Imkers dar. Es ist unbedingt erforderlich diesen Raum peinlichst sauber zu halten. Ein Imker unterliegt auch der Kontrolle der Lebensmitteluntersuchungsstelle. Sollten bei einer durchgeführten Überprüfung Missstände aufscheinen, kann das Inverkehrbringen des Honigs untersagt werden. Man ist aber auch den Honigkunden schuldig mit dem qualitativ hochwertigen Produkt hygienisch einwandfrei umzugehen. Der Schleuderraum sollte auf jeden Fall verfliest sein. Die Art der Entdeckelung und Schleuderung richtet sich nach der Betriebsgröße.

Bei der Anschaffung der einzelnen Gerätschaften soll das Verhältnis Völkeranzahl – Betriebseinrichtungen in richtiger Relation stehen, damit einerseits ein rationelles Arbeiten gewährleistet ist und sich andererseits der Betrieb finanziell nicht übernimmt.

Die Entscheidung, ob auf herkömmliche Weise mit der Entdeckelungsgabel oder mit einem Entdeckelungsmesser gearbeitet wird, hängt wiederum von der Betriebsgröße ab. Wenn die Voraussetzungen, wie eine Rähmchenstärke von nur 22 mm, gegeben sind, ist ein Entdeckelungsmesser sicher empfehlenswert. Es ist dabei aber zusätzlich zu berücksichtigen, dass sehr viel Entdeckelungshonig anfällt und darum eine Einrichtung zur Trennung des Honigs vom Wachs in Form einer Zentrifuge (Entdeckelungswachsschleuder) notwendig ist. Nach der Entdeckelung werden die Waben der Schleuderung zugeführt. Man unterscheidet aufgrund der Wabenstellung zwei unterschiedliche Schleudersysteme.

Tangentialschleudern

Sind meist für 3, 4, 6 oder 8 Waben konzipiert. Beim Schleudervorgang werden die Waben nur auf einer Seite ausgeschleudert und müssen darum händisch oder mechanisch durch Änderung der Drehrichtung gewendet werden. Der Vorteil dieses Systems liegt darin, dass bei einer gefühlvollen Schleuderung auch hellere Waben nicht so leicht zu Bruch gehen und die Ausbeute, vor allem bei zähem Honig, besser ist als bei Radialschleudern. Zu beachten ist noch, ungefähr gleich schwere Waben einander gegenüber einzuordnen, um ein unruhiges Laufen der Schleuder zu verhindern.

Radial- oder Sternschleudern

Sind eher größeren Betrieben vorbehalten. Bei dieser Art sind die Waben sternförmig angeordnet. Dadurch wird der Honig gleichzeitig auf beiden Seiten herausgeschleudert. Es funktioniert nur dann einwandfrei, wenn der Korbdurchmesser groß und dadurch die Rähmchenunterleiste relativ weit weg von der Mittelachse angeordnet ist. Die Oberleiste muss durch die leichte Zellneigung nach außen gerichtet sein. Nur in dieser Wabenstellung ist eine gute Ausbeute zu erreichen. Die Wabenanzahl je Schleudervorgang richtet sich nach dem Durchmesser und kann bis zu 60 Waben betragen. Bei diesem Schleudersystem dauert der eigentliche Vorgang zirka 15 Minuten.

Radialschleuder

Sieben

Der geschleuderte Honig enthält noch viele Wachsteilchen und muss deshalb vor der Lagerung bzw. Abfüllung gereinigt werden. Für kleine Imker bietet sich hier das handelsübliche Doppelsieb mit je einem grob- und feinmaschigen Gittereinsatz an. Frisch geschleuderter Honig rinnt problemlos durch beide Siebe und ist somit auch sauber. Eine Ausnahme bildet der Melezitosehonig. Bei einem größeren Honigaufkommen ist diese Art des Siebens zu zeitaufwendig und deshalb bedient man sich da gerne des „Lunzer Honigsiebes" oder einer Klärwanne. Das Lunzer Honigsieb besteht aus einem großen Topf, in den ein grob- und feinmaschiger Gittereinsatz eingehängt wird. Da der Honig nicht unten, sondern oben bei einem höher angebrachten Ablass abrinnt, bleibt der Gittereinsatz immer im Honig eingetaucht, was das Problem des Verstopfens stark reduziert. Trotzdem müssen von Zeit zu Zeit die Wachsteilchen abgeschöpft werden. Eine Klärwanne besteht aus mehreren vorgewärmten Fächern, über die der Honig fließt und sich dabei reinigt. Vom letzten Abteil wird er mittels einer Honigpumpe in die Lagergefäße gepumpt. Nachdem der Honig einige Tage klären konnte, werden die restlichen aufgestiegenen Wachsteilchen abgeschöpft.

Honigsieb

Honiglagerung

Um schwankende Ernten etwas ausgleichen zu können ist es sinnvoll, in Überschussjahren einen Teil des nicht absetzbaren Honigs einzulagern, damit man dem Konsumenten auch in schlechten Jahren einen qualitativ wertvollen Inlandshonig anbieten kann. Dies erfordert hygienisch einwandfreie lebensmittelechte Lagergefäße sowie einen kühlen und lichtgeschützten Raum mit niedriger Luftfeuchtigkeit. Als Lagergefäße eignen sich besonders Edelstahl, Emailgefäße, verzinnte Gefäße oder lebensmittelechte Plastikkannen.

Nicht geeignet sind hingegen verzinkte Gefäße, welche durch die Säuren des Honigs in Verbindung mit Metall das giftige Zinkoxid abgeben sowie rostanfällige Eisengefäße. Die Behälter müssen gut schließen, da sonst durch die hygroskopische Wirkung des Honigs der Wassergehalt angehoben wird und dadurch in weiterer Folge die Gefahr einer Gärung besteht. Da Honig als sehr geruchsempfindlich einzustufen ist, muss der Lagerraum frei von Fremdgerüchen sein. Die Lagertemperatur soll möglichst niedrig gehalten werden, damit die wärmeempfindlichen Inhaltsstoffe erhalten bleiben.

> Kälte schadet dem Honig in keiner Weise und deshalb wäre die Aufbewahrung in einer Tiefkühltruhe nicht nur möglich, sondern sogar sehr zu empfehlen.

Wiederverflüssigung des Honigs

Je nach Art und Sorte kandiert nach einer bestimmten Lagerzeit jeder Honig. Bei einer Lagertemperatur von 14° C kandiert ein Blütenhonig ungefähr nach 3–4 Wochen, Waldhonig hingegen erst nach 2–3 Monaten. Bei Honigen, die trotz langer Lagerung nicht kandieren, besteht der Verdacht einer Überhitzung (Ausnahme: Robinienhonig).

> Um die Qualität des Honigs nicht zu schmälern, soll er nur einmal erwärmt und somit verflüssigt werden, da er sonst unnötigerweise geschädigt würde. Die einwirkende Temperatur soll 40° C nicht übersteigen.

Tauchwärmer im Einsatz zum Auftauen von kandiertem Honig

Es gibt mehrere Möglichkeiten der Verflüssigung. Bei kleineren Gefäßen bietet sich ein thermostatgeregelter Wärmeschrank an. Je nach Größe des Gefäßes dauert es 1–2 Tage, bis der Honig vollkommen flüssig ist. Im Fachhandel werden auch verschiedene Thermoabfülltöpfe angeboten, welche sich nur für kleinere Honigmengen eignen. Eine sehr schonende Honigerwärmung ermöglicht ein Tauchwärmer. Die in einer Ebene angeordneten Heizschlangen werden auf den kandierten Honig gestellt. Am Ende des Schaftes ist ein Thermostat angebracht, der dafür sorgt, dass die Temperatur nicht über den eingestellten Wert ansteigt. Durch die Verflüssigung des Honigs sinkt der Tauchwärmer immer tiefer ein, bis er am Boden ansteht. Je nach Honigmenge dauert dieser Vorgang zirka zwei Tage.

Abfüllen des Honigs

Für kleinere Betriebe eignet sich dazu ein Abfülltopf mit einem Quetschhahn. Der erwärmte Honig wird in einen Abfülltopf umgefüllt und dann solange stehen gelassen, bis die Temperatur auf zirka 20° C abgesunken ist. Inzwischen sind noch vorhandene kleine Wachsteilchen und Schaum aufgestiegen und können leicht abgeschöpft werden. In diesem Zustand hat man die Gewähr, dass der Honig vollkommen geklärt ist und somit ins Glas abgefüllt werden kann.

Honig-Abfüllstation

Vorbereitung der Völker für den Winter (Nachsommerbehandlung und Herbstrevision)

Die Rückentwicklung vom Sommer- zum Wintervolk ist stark von verschiedenen äußeren und inneren Einflüssen abhängig. Erbgut und Umwelt (Brutmenge, Mikroklima, Tageslänge, Pollenversorgung) steuern im Wesentlichen die Entstehung von langlebigen Winterbienen. Durch geeignete pflegliche Maßnahmen kann man als Imker im beschränkten Maße diese Entwicklung positiv beeinflussen.

Durch das Auftreten der Varroamilbe ist es für die erfolgreiche Überwinterung von entscheidender Bedeutung, die Völker sofort nach Ende der Tracht abzuernten und zu entmilben. Gleichzeitig ist mit der Auffütterung zu beginnen.

Bienenkönigin (weiß markiert)

Wer um diese Zeit seine Bienenvölker vernachlässigt oder zu spät entmilbt, muss damit rechnen, dass es durch den immer stärker werdenden Varroadruck noch im Herbst oder Winter zu Völkerverlusten kommt. Wenn es die Tracht zulässt, soll bis Ende Juli die Nachsommerbehandlung abgeschlossen sein und gleichzeitig die Varroareduktion eingeleitet werden.

Durchführung

Sofort nach Ende der Tracht wird der Honig entnommen. Brutwaben mit Honigkränzen werden nicht geschleudert, sondern den Bienen belassen. Ein Mindestvorrat von 5 kg/Volk sollte in Form von Honigkränzen oder Vorratswaben auf jeden Fall verbleiben. Nicht besetzte Zargen werden entfernt und die Völker auf Weiselrichtigkeit kontrolliert. Die überschüssigen Bienen werden entweder in das Muttervolk zurückgekehrt oder für

Nachsommerbehandlung bei Verwendung eines Absperrgitters

Ausgangssituation: Die Königin ist auf die erste Einheit gesperrt. Dem Volk standen zwei Honigraumaufsätze zur Verfügung.

Zweiraumüberwinterung

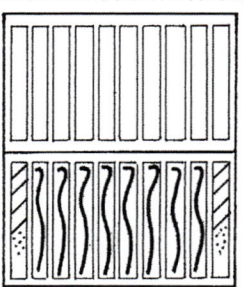

Es werden der zweite und dritte Raum zur Abschleuderung weggenommen. Bei einer ausreichenden Volksstärke wird eine Zarge mit ausgeschleuderten Waben aufgesetzt und sofort mit der Auffütterung begonnen, sodass die Königin nicht mehr die Möglichkeit hat hinaufzubrüten. Das Absperrgitter wird entfernt.

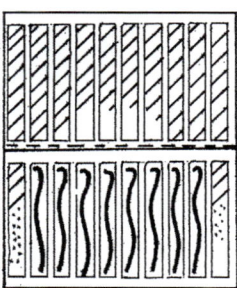

Ausgangssituation: Die Königin ist auf die erste Einheit gesperrt.

Einraumüberwinterung

Der Honigraum wird abgenommen und überschüssige Bienen für die Kehrschwarmbildung herangezogen. Das Brutnest wird nicht mehr verändert.

die Jungvolkbildung herangezogen. Im Zuge des Abräumens ist auch die Entscheidung zu treffen, ob die Völker auf einer oder zwei Zargen überwintern sollen.

Werden zur Zeit der Nachsommerbehandlung noch zwei Zargen gut besetzt, könnten solche Völker auch auf zwei Räumen belassen werden. Sind diese Voraussetzungen nicht gegeben, muss auf einem Raum überwintert werden. Völker mit größeren Rähmchenmaßen werden somit

Nachsommerbehandlung bei einer absperrgitterfreien Völkerführung

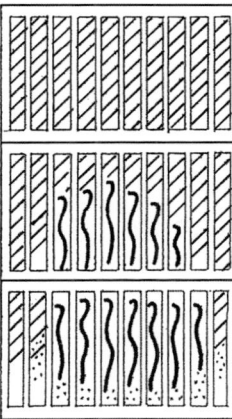

Ausgangssituation: Die Königin brütet auf beiden Zargen, wobei der Schwerpunkt des Brutnestes in der ersten Zarge liegt.

Zweiraumüberwinterung

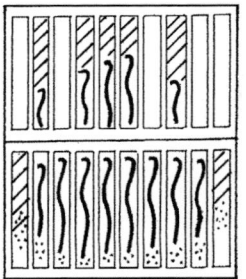

Im Zuge der Nachsommerbehandlung wird der dritte Raum abgenommen, vom zweiten und ersten werden alle Honigwaben ohne Brut gleichfalls zur Schleuderung entnommen. Soweit in der ersten Zarge dadurch Platz entsteht, werden aus der zweiten Einheit Brutwaben nach unten verlagert. Der Rest des Raumes wird mit ausgeschleuderten Waben aufgefüllt.

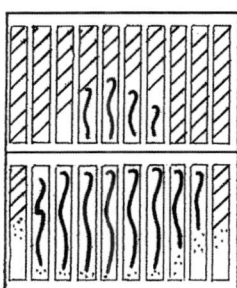

Ausgangssituation: Die Königin brütet in der ersten Zarge, wobei in der zweiten Zarge nur mehr eine Restbrut vorhanden ist.

Einraumüberwinterung

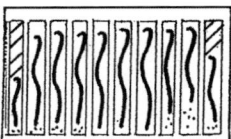

Die vorhandenen Honigwaben werden entnommen und Brutwaben nach Möglichkeit in die erste Einheit gehängt. Sollten welche übrig bleiben, könnten noch Jungvölker damit gebildet werden.

eher auf einem Raum, jene mit kleinen Rähmchenmaßen meist auf zwei Zargen überwintert. Voraussetzungen für eine erfolgreiche Zweiraumüberwinterung sind die richtige Brutnestanordnung und eine ausreichende Futterversorgung. Sollte die Königin während der Tracht auf zwei Einheiten gebrütet haben, ist es bei solchen Völkern notwendig, den Schwerpunkt des Brutnestes nach unten zu verlagern. Wenn jedoch während der Tracht ein Absperrgitter über der ersten Zarge verwendet wurde, erübrigt sich diese Maßnahme. Unter diesen Voraussetzungen ist darauf zu achten, dass keine Mittelwände oder Jungfernwaben die Königin in der Legetätigkeit einschränken. In der zweiten Zarge werden hellere, honigfeuchte Waben eingehängt. Bei stärkerem Melezitoseaufkommen wäre es auch möglich, seitlich jeweils eine nicht schleuderbare Honigwabe zu belassen. Im Zuge der Nachsommerbehandlung soll das Volk auch auf eventuelle Anzeichen von Brutkrankheiten genauer kontrolliert werden. Danach kann mit der Varroabehandlung und mit der Auffütterung begonnen werden. Bei Völkern, die auf einem Raum überwintert werden, kann durch die Raumkorrektur ein Teil der überschüssigen Bienen für die Jungvolkbildung herangezogen werden.

Fütterung

Durch die Wegnahme der Honigreserven entsteht für das Bienenvolk eine nicht zu unterschätzende Stresssituation. Daraus resultierend muss nach dem Abernten sofort mit der Auffütterung mit einer 3:2-Zuckerlösung begonnen werden. Bei einer Einraumüberwinterung werden je nach vorhandenen Futterreserven ungefähr 15–17 Liter Zuckerlösung benötigt. Zweiraumvölker sollen ungefähr 20–25 Liter verabreicht bekommen. Bei vier Liter Zuckerlösung pro Fütterung kann in Abständen von einer Woche gefüttert werden, ohne dass die Bienen mit der Verarbeitung des Futters überfordert werden. Je größer die auf einmal verabreichte Menge ist, umso größer sollte der Abstand der einzelnen Futtergaben sein. Bis spätestens Mitte September soll die eigentliche Auffütterung abgeschlossen sein. Eine abschließende Futterkontrolle kann verhindern, dass durch eine stille Räuberei ein Volk mit zu geringen Reserven in den Winter geht.

Nach Ende der Auffütterung ist die eigentliche Bienenarbeit abgeschlossen. Die Fütterungseinrichtungen werden von den Völkern abgenommen, sauber gereinigt und aufbewahrt. Falls es der verwendete Beutentyp erfordert, wird noch eine Wärmeisolation angebracht. Ein übertriebenes Verpacken der Völker ist nicht sinnvoll und bringt auch nicht den erhofften Erfolg. Um das Eindringen von Mäusen während der Herbst- und Wintermonate zu unterbinden, muss das Flugloch spätestens im Oktober auf eine maximale Höhe von 6 mm eingeengt werden.

Gemüllestreifen nach Räuberei

Räuberei vermeiden!

Verschmutztes Flug-
loch bei Räuberei

Anordnung des Futtervorrates nach der Herbstauffütterung
in verschiedenen Beutensystemen „Einraumüberwinterung"

Einwinterung

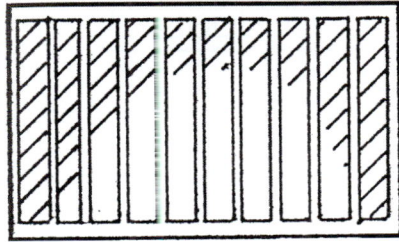

Richtig
14 kg

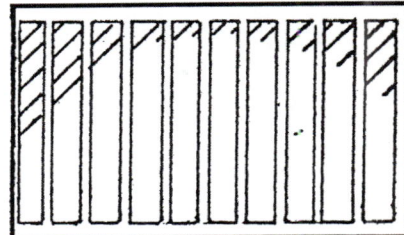

Falsch
10 kg

Auswinterung

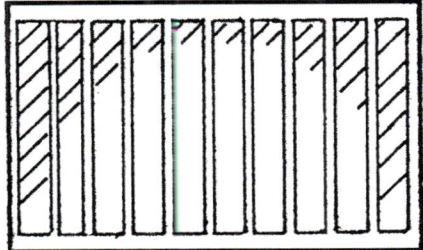

Richtig

Falsch

Im Winter ist darauf zu achten, dass Störungen vom Bienenvolk ferngehalten werden und die Fluglöcher nicht vereisen können. Diese Zeit soll auch genützt werden, um defekte Gerätschaften zu erneuern, die Beuten zu desinfizieren sowie alte Waben auszuschneiden und der Wachsverwertung zuzuführen. Neben diesen Arbeiten gehören auch das Studium von Fachliteratur und der Besuch von Fortbildungskursen zu den Vorbereitungsarbeiten auf das kommende Bienenjahr.

Anordnung des Futtervorrates nach der Herbstauffütterung in verschiedenen Beutensystemen „Zweiraumüberwinterung"

Einwinterung

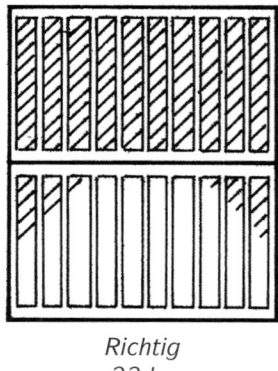

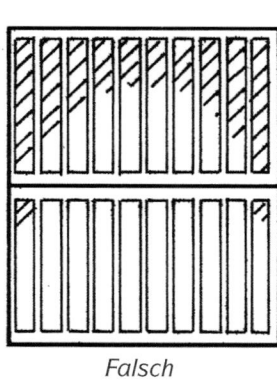

Richtig
22 kg

Falsch
14 kg

Auswinterung

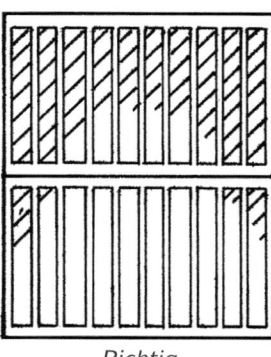

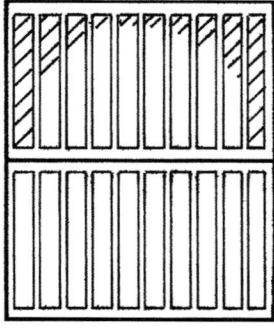

Richtig

Falsch

Mischbetrieb

Einwinterung

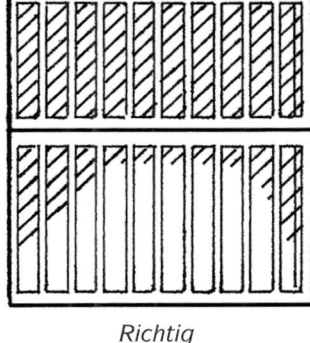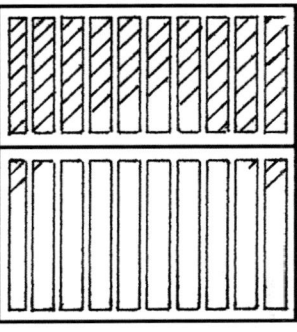

Richtig　　　　　　　　　　*Falsch*
21 kg　　　　　　　　　　*15 kg*

Flachzargen-Betriebsweise

Einwinterung

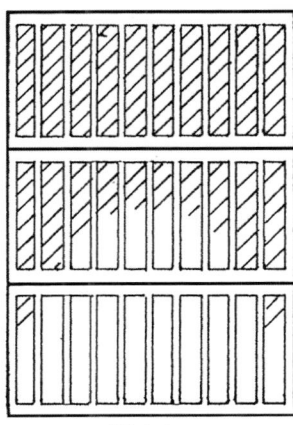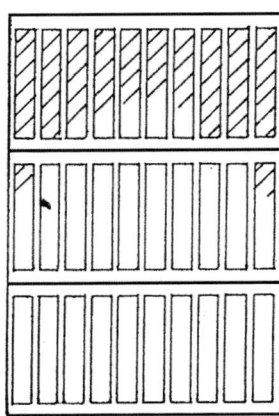

Richtig　　　　　　　　　　*Falsch*
23 kg　　　　　　　　　　*16 kg*

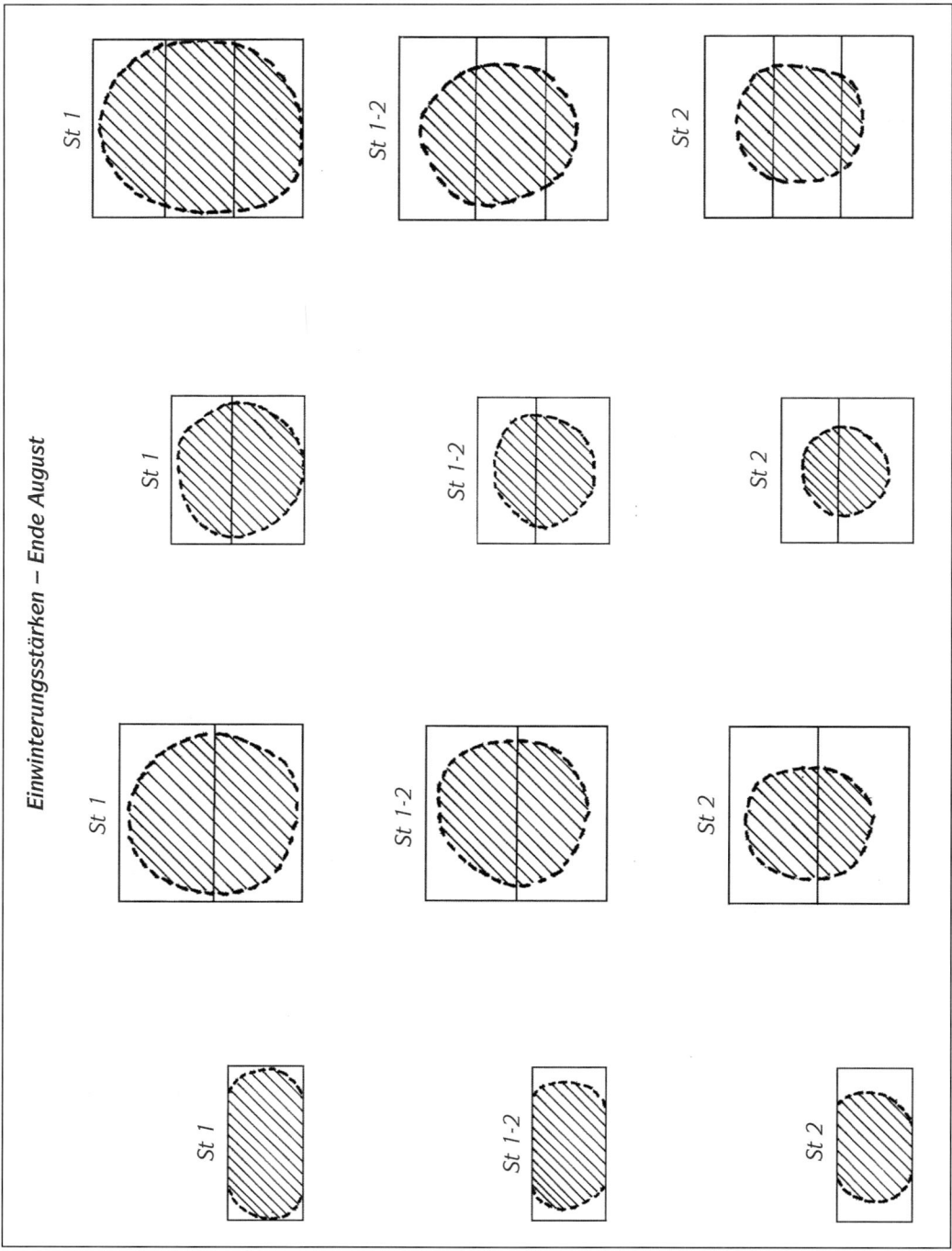

Einwinterungsstärken – Ende August

Die wichtigsten Trachtpflanzen und Möglichkeiten ihrer Nutzung

Blütentracht

Allgemeines

Die Blütentracht ist mit ihrem Pollen- und Nektarangebot die Triebfeder für die Volksentwicklung der Bienenvölker. Ohne ausreichende Blütentracht entwickeln sich die Völker schlecht und erreichen auch nicht die erforderliche Volksstärke, um eine später im Jahr einsetzende Honigtautracht optimal zu nutzen. Die Blütentracht ist gekennzeichnet durch eine Vielzahl an beteiligten Pflanzenarten und eine durch die Jahreszeit festgelegte Blühfolge. Die Mehrzahl der Pflanzen spendet sowohl Pollen als auch Nektar, doch gibt es auch Fälle, in denen den Bienen nur Pollen (z. B. Hasel, Erle) oder nur Nektar (z. B. weibliche Weidenpflanzen) angeboten werden. Nachfolgend sollen die bienenwirtschaftlich wichtigsten Blütentrachtpflanzen in der Abfolge ihres Blühbeginnes kurz behandelt werden.

Entwicklungstracht

Als Aufbau- und Entwicklungstracht bezeichnet man alle Pflanzen, die zeitig im Jahr bis zum Beginn der Kirschblüte zu blühen beginnen. Man

Biene sammelt Weidenpollen

muss dabei aber berücksichtigen, dass im Gebirge durchaus auch noch die Obst- und Löwenzahnblüte den Charakter einer Aufbautracht hat, aus der in den meisten Jahren keine Honigernte möglich ist. Die ersten für die Bienen nutzbaren Pflanzen dieser Periode sind Hasel, Erle und Schneeglöckchen, in Siedlungsgebieten Krokus und andere früh blühende Zierpflanzen. In manchen Gebieten können auch die Frühlingsheide oder die Schneerose den ersten Pollen liefern.

Die herausragendste Bedeutung besitzen aber die verschiedenen Weidenarten, die dem Imker das Signal geben, dass die Bienenvölker verstärkt mit dem Brutgeschäft beginnen. Können die Bienen reichlich Pollen und Nektar aus der Weidenblüte sammeln, ist eine rasche Volksentwicklung sicher. Durch die Anpflanzung von verschiedenen Weidenarten kann der Imker einen großen Beitrag zu einer besseren Frühjahrspollenversorgung der Bienenvölker leisten. In Tabelle Seite 77 sind einige Weidenarten angeführt, die gut steckholzwüchsig sind und sich für eine Anpflanzung durch den Imker besonders eignen. Besonders wertvoll für die Bienen sind die früh und mittelfrüh blühenden Weidenarten.

> ## Hinweis!
>
> **Beim Bezug durch Baumschulen ist darauf zu achten, dass es sich um Pollenweiden (das sind die männlichen Pflanzen) handelt. Oft werden nämlich nur die weiblichen Pflanzen vermehrt, da sie raschwüchsiger sind.**

Viele Imkerkollegen haben bereits ein umfangreiches Weidensortiment, sodass mitunter auch mit B bezeichnete Arten von ihnen bezogen werden können. Standplätze mit einer guten Frühjahrsentwicklung sind daher Au- und Feuchtgebiete, Stadtrandbezirke und Dörfer mit vielen Gärten und blühenden Hecken. Alleen mit Zucker- und Spitzahorn im Flugbereich der Bienenvölker geben bei Schönwetter gewaltige Entwicklungsimpulse, sodass es bei zu später Erweiterung bereits Anfang April die ersten Schwärme gibt.

Frühtracht

Allgemeines

Bei guter Frühtracht werden Mittelwände rasch ausgebaut und mit Honig vollgetragen

Die Frühtracht ist im Normalfall die erste schleuderbare Tracht des Jahres. Eine Honigernte ist jedoch nur mit starken Völkern zu erzielen. Für schwächere Völker bildet sie eine gute Aufbautracht. Je nach lokalen Gegebenheiten spielen dabei verschiedene Pflanzenarten die Hauptrolle.

Blühzeit und Wuchshöhen verschiedener Weidenarten (*Salix* sp.) in 400 m Seehöhe

Bezeichnung	Botanische Bezeichnung	Blühbeginn	Wuchshöhe
Frühblüher			
Seetaler (I)	*S. daphnoides Alpina*	15. 3.	10 m
Pommernweide (B)	*N daphnoides Ponimeraniea*	15. 3.	12 m
Schiebelweide (B)	*S. schiebelii*	15. 3.	10 m
Küblerweide (B)	*S. küblerii*	17. 3.	6 m
*Salweide (B)	*S. caprea*	17. 3.	9 m
Imkerschulweide (I)	*S. viminalis Regalis*	21. 3.	4 m
Schmalblättrige Weide (B)	*S. lanceolata*	22. 3.	6 m
Bögelsackweide (B)	*S. bögelsackii*	27. 3.	8 m
Große Flechtweide (B)	*S. viminalis gigantea*	28. 3.	4 m
Mittelblüher			
Aschweide (B)	*S. cinerea*	30. 3.	4 m
Tauweide (B)	*S. irrorata*	7. 4.	5 m
Purpurweide (B)	*S. purpurea*	8. 4.	5 m

Abkürzungen: S. = *Salix* (Weide)
Bezugsmöglichkeiten: (B) = Baumschulen, (I) = Imkerkollegen

* Die Salweide ist zwar ebenfalls eine hervorragende Pollenweide, doch
  ist ihre Vermehrung nicht so einfach wie die anderer Weidenarten.

*Biene auf männlichen
Weidenkätzchen*

Obst

Die Obstblüte liefert den Bienen zum ersten Mal im Jahr Nektar und Pollen im Überfluss und es kommt zu einer gewaltigen Aufwärtsentwicklung der Völker. In diese Periode fällt meist auch das Erwachen des Schwarmtriebes.

Imkerei und Obstbau sind durch die Biene als Bestäuber eng miteinander verknüpft. Bei den meisten Obstsorten kommt es nur durch eine ausreichende Bestäubung zu einem guten Fruchtansatz. Die Bienen leisten dabei durch ihre große Volksstärke und die Blütenstetigkeit den Hauptanteil der Bestäubungsarbeit. Besondere Bedeutung für die Bienenzucht, aber auch für eine große Anzahl von Wildbienenarten und anderen Insekten, hat der Streuobstbau. Die alten und besonders reich blühenden Obstsorten bieten Nahrungs- und Nistmöglichkeiten für eine ganze Reihe von Tiergruppen und stellen somit wertvollste „Ökozellen" dar. Da Streuobstbestände im Normalfall auch nicht mit Pflanzenschutzmitteln behandelt werden, stellen sie letzte Refugien in einer weitgehend ausgeräumten und maschinengerecht gestalteten Landschaft dar.

Streuobstwiese

Biene auf Apfelblüte

Obstplantagen können ebenfalls lohnende Wanderziele sein, speziell wenn es sich um Kirsch- oder Apfelanlagen handelt. Birnen und Zwetschken liefern weniger Nektar als Kirschen oder Äpfel.

Bei jeder Wanderung in Obstanbaugebiete ist jedoch stets das Risiko einer Bienenvergiftung durch Pflanzenschutzmittel zu beachten. Leider kommt es dadurch immer wieder zu Bienenverlusten. Besonders groß ist die Gefahr z. B. nach der Obstbaumblüte, wenn aber noch blühende Unterkulturen (Löwenzahn) vorhanden sind, die von den Bienen beflogen werden.

Im Zweifelsfall sollte der Imker lieber mit seinen Bienen abwandern als den Verlust der Flugbienen durch eine Spritzung zu riskieren. Der enge Kontakt mit den Obstbauern der Umgebung kann hier sehr viel Ärger ersparen helfen.

Raps

Der zur Gruppe der Kreuzblütler gehörende Raps (*Brassica napus L.*) bietet den Bienen etwa ab Ende April ein reiches Nektar- und Pollenangebot. Die Blütezeit dauert etwa drei Wochen. Befinden sich im Flugkreis des Heimbienenstandes keine Rapsfelder, genügt oft schon eine kurze Wanderung, um diese reiche Trachtquelle zu erschließen. Vor einer Anwanderung ist jedoch darauf zu achten, dass die notwendigen Spritzungen gegen Rapsschädlinge bereits abgeschlossen sind, um das Risiko von Bienenverlusten zu vermeiden.

Obstanlage in Südtirol

*Voller Honigraum
im Raps*

Da die Tageszunahmen bei starken Völkern mehrere Kilogramm betragen können, muss den Bienen genügend Lagerraum zur Verfügung stehen, damit das Brutnest nicht völlig verhonigt. Das überreiche Nahrungsangebot hat eine starke schwarmfördernde Wirkung und der Imker muss bei der Schwarmvorbeugung auf der Hut sein. Der Raps übt auf Bienen eine geradezu unwiderstehliche Anziehungskraft aus und es kann bei Schlechtwetter zu wetterbedingten Flugbienenverlusten kommen. Durch den gewaltigen Bruteinschlag sind diese Verluste aber sehr bald wieder ausgeglichen. Rapshonig kristallisiert durch den hohen Gehalt an Traubenzucker sehr schnell aus. Wenn der Rapshonig nach der Blütezeit nicht geschleudert wird, kann dies mitunter bereits in den Waben geschehen. Wichtig ist, dass der Imker nach der Schleuderung durch sorgfältige Bearbeitung des Honigs (Cremehonigbereitung durch Rühren) eine streichfähige Konsistenz erzielt und dann die Kunden auf diesen hochwertigen Honig gezielt aufmerksam macht. Nur dann kann er Rapshonig auch gewinnbringend vermarkten.

Rapsfeld

Löwenzahn

Der Löwenzahn (*Taraxacum officinale Wb.*) gehört zur Familie der Korbblütler. In den Grünlandgebieten Österreichs bietet er den Bienen im Frühjahr eine reiche Pollen- und Nektartracht. Am besten honigt der Löwenzahn laut Berichten von Imkern ab einer Seehöhe von etwa 600 m. Mit starken Völkern sind bei Schönwetter dann auch Tageszunahmen von bis zu 2,5 kg möglich. In tieferen Lagen liefert er in erster Linie Pollen. In dieser Tracht entwickeln sich die Völker hervorragend. Bei mangelndem Raumangebot und fehlender Baumöglichkeit (Mittelwände

Rapstracht ist Bauzeit

Biene auf Löwenzahnblüte

geben!) ist mit starkem Schwarmtrieb zu rechnen. Reiner Löwenzahnhonig lässt sich selten gewinnen. Meist sind auch noch Trachtanteile von Obst und Bergahorn, im Gebirge auch von der Heidelbeere enthalten. Löwenzahnhonig hat eine goldgelbe Farbe und ein sehr kräftiges Aroma. Er sollte stets als Cremehonig aufbereitet werden, da er dann weich und streichfähig bleibt und sein volles Aroma behält. (Weitere Informationen über die Bereitung von Cremehonig im Abschnitt Honig.) Durch die wetterbedingten Rückschläge zur Zeit der Löwenzahnblüte können die Bienen diese Tracht nicht jedes Jahr nützen. Der Honig stellt daher eine echte Spezialität der Bergregionen dar, die dem Kunden auch als solche angeboten werden sollte.

Bergahorn

Der Bergahorn (*Acer pseudoplatanus* L.; Familie Ahorngewächse) ist in den Gebirgsregionen Österreichs eine wichtige Trachtpflanze. Er kommt in feuchten Gebirgstälern und entlang von Flussufern bis über 1000 m Seehöhe vor und bildet im Nordalpenbereich gemeinsam mit der Rotbuche schöne Mischwälder. Die Blütentrauben erscheinen mit dem Laubaustrieb und werden von den Bienen und zahlreichen anderen Insekten gerne besucht. Durch die Besiedelung der Blütentrauben mit Blattläusen wird den Bienen neben dem Nektar auch Honigtau angeboten. Da sich die Blütezeiten von Löwenzahn und Bergahorn überlappen, kann bei gutem Wetter ein sehr aromatischer Mischhonig geerntet werden, der – als Cremehonig aufbereitet – sehr gerne gekauft wird.

Frühsommertracht

Die Frühsommertracht schließt an die Frühtracht an und kann sich noch etwas mit der auslaufenden Raps- bzw. Löwenzahnblüte überschneiden.

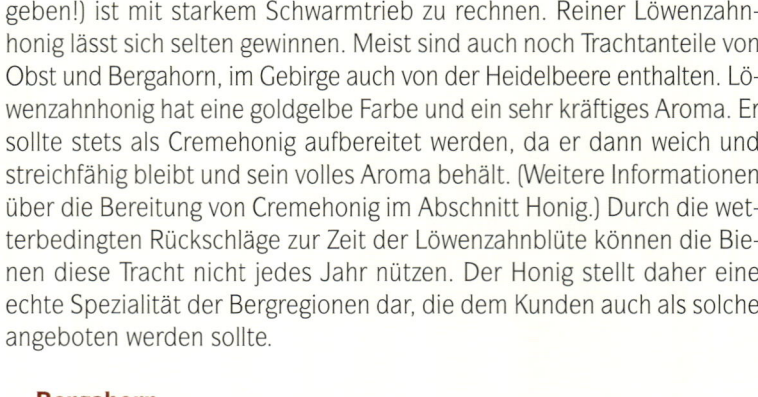

Blütentraube eines Bergahorn

Robinie

Die Robinie (*Robinia pseudacacia* L.), in der Umgangssprache einfach als Akazie bezeichnet, ist die wichtigste Frühsommertrachtpflanze im pannonischen Klimabereich und in den Weinanbaugebieten. Das Hauptverbreitungsgebiet dieser aus den USA eingeführten Pflanze deckt sich weitgehend mit der Klimaregion, die auch den Weinanbau gestattet (Weinviertel, Marchfeld, Donauauen, Seewinkel, Südsteiermark). Die Robinie gehört zur Gruppe der Schmetterlingsblütler und ist aufgrund ihrer Stickstoffversorgung über Knöllchenbakterien den Untergrund betreffend sehr anspruchslos. Wegen ihrer bodenverbessernden Wirkung und der guten Bienenweide sollte sie auf allen geeigneten Flächen verstärkt angepflanzt werden. In Ungarn wurde sie auf riesigen Flächen zur Befestigung von Wanderdünen und als Windschutz angepflanzt und sie ist heute die für den Honigexport wichtigste Trachtpflanze. Die Robinie kann bei gutem Blütenansatz und gutem Wetter innerhalb der kurzen Blütezeit von zirka 10–12 Tagen eine Massentracht liefern, die von den Bienen kaum bewältigt wird. Die Tageszunahmen können einige Kilogramm erreichen. Durch das geringe Pollenangebot wirkt die Robinientracht schwarmdämpfend. Die Anwanderung der Robinienwälder sollte dann erfolgen, wenn eine Kontrolle des Blütenansatzes keine Frostschäden erkennen ließ und die ersten Pflanzen zu blühen beginnen. In Flusstälern und Ebenen bilden sich oft Kälteseen und die Robinie friert ab.

Robinie

> ## Faustregel!
>
> **Wenn ein Nachtfrost dem Wein geschadet hat, ist auch mit einer Schädigung der Robinie zu rechnen. Die Blüte beginnt in diesem Fall dann später mit dem zweiten Austrieb und ist sehr spärlich. Die Tracht ist dann nicht sehr ergiebig oder fällt überhaupt aus.**

Die besten Wanderplätze liegen in hügeligen Gebieten mit verschiedener Sonnenexposition der Hänge. Die Gesamtblütezeit wird dadurch verlängert. Reiner Robinienhonig ist sehr hell, fast wasserklar und mild im Geschmack. Aufgrund des hohen Fruchtzuckergehaltes bleibt er lange Zeit flüssig. Durch den immer stärker werdenden Rapsanbau und die Überlappung der Blütezeit wird es immer schwieriger, reinen Robinienhonig zu gewinnen. Die Farbe wird durch den Rapsanteil hellgelb und die Tendenz zur Kristallisation steigt.

Himbeere

Die Himbeere (*Rubus idaeus L.*) gehört zur Familie der Rosengewächse. In den Bergregionen überbrücken reiche Himbeerbestände, vor allem auf Kahlschlägen oder in feuchten, aufgelockerten Wäldern und an Bach- und Wegrändern, die Trachtlücke zwischen Löwenzahnblüte und dem Beginn der Waldtracht. Ist das Angebot groß genug, kann es einen beträchtlichen Beitrag zur Honigernte liefern. Bei der Auswahl von Dauer- oder Wanderplätzen zur Waldtrachtnutzung sollten Himbeerschläge immer mitberücksichtigt werden, da diese auch bei einem Ausfall der Waldtracht noch eine gewisse Tracht bieten. Die Zeit der Himbeerblüte überschneidet sich in der Regel etwas mit dem Beginn der Waldtracht. Der besondere Wert der Himbeere für die Waldtrachtimker liegt darin, dass auch melezitosereicher Honig in den Waben nicht kandiert und schleuderbar bleibt, wenn gleichzeitig Himbeernektar eingetragen wird.

Sommertracht

Linde

Die zur Familie der Lindengewächse gehörenden Lindenarten liefern den Bienen ab Anfang Juni eine reiche Tracht. Vor allem in Städten gibt es Lindenbestände in Alleen, Parks oder auf Friedhöfen, die von den Bienen genutzt werden können. Die zwei wichtigsten kultivierten Lindenarten sind die Sommerlinde und die Winterlinde.

Die Sommerlinde (*Tilia platyphyllos SCOP.*) hat weiße Haare in den Winkeln der Blattnerven, 2–5 Blüten pro Blütenstand und größere Blätter als die Winterlinde. Sie blüht etwa acht Tage vor der Winterlinde.

Die Winterlinde (*Tilia cordata M.*) hat rostrote Haare in den Winkeln der Blattnerven, 5–11 Blüten pro Blütenstand und kleinere Blätter als die Sommerlinde. Neben diesen beiden Arten kommen aber auch Hybriden und andere eingeführte Lindenarten (Beispiel Silberlinde) vor. Die Lindentracht gibt den Völkern noch einmal einen gewaltigen Aufschwung und es können Schwärme auftreten. Reiner Lindenblütenhonig schmeckt sehr aromatisch und ist grünlich-hellgelb gefärbt. Durch Beimengungen von Honigtau der Lindenzierlaus wird er dunkler.

Edelkastanie

Die Edelkastanie (*Castanea sativa M.*) gehört zur Familie der Buchengewächse und kommt in Österreich in größerer Anzahl nur in der West- und Südsteiermark sowie am Südhang des Rosaliengebirges bis zu einer Seehöhe von etwa 750 m vor. Durch einen eingeschleppten Pilz sind die Bestände im Rosaliengebirge leider vom Absterben bedroht.

Die Blütezeit beginnt in der dritten bis vierten Juniwoche und dauert 3–4 Wochen. Feuchtes, schwüles Wetter fördert die Nektarsekretion. Die männlichen Blüten liefern große Pollenmengen. Die Völker entwickeln sich in dieser Tracht sehr gut und bauen starke Wintervölker auf. Die Pflanzen sind für die Bienen sehr attraktiv und werden auch von entfernteren Ständen aus noch beflogen.

Zur gleichen Zeit können die auch auf der Edelkastanie vorkommende Eichenrindenlaus und eine auf den Blättern sitzende Zierlaus Honigtau produzieren.

Edelkastanienhonig hat ein herb-bitteres und streng schmeckendes Aroma. Er ist sehr pollenreich. Wegen der anregenden Wirkung auf den Gallenfuß ist er bei Personen mit Leberleiden sehr begehrt. Die elektrische Leitfähigkeit ist sehr hoch und liegt zwischen 1,3–1,4 mS/cm. Wahrscheinlich kommt diese hohe Leitfähigkeit durch die Beimengung von gleichzeitig gesammeltem Honigtau zustande.

Linde

Edelkastanienblüte

Edelkastanienbaum

Alpenrose

Die Alpenrose gehört zur Familie der Heidekrautgewächse (*Ericaceae*) und kommt in zwei Arten in Österreichs Alpen bis über 2.000 m Meereshöhe vor: Die rostblättrige Alpenrose (*Rhododendron ferrugineum L.*) lebt auf nährstoff- und basenarmen Flächen und oberhalb der Baumgrenze auf Urgestein. Die Blätter sind an der Unterseite rostrot gefärbt und am Rand nicht bewimpert. Die raublättrige oder bewimperte Alpenrose (*Rh. hirsutum L.*) lebt auf kalkreichen Böden und hat unterseits grün gefärbte, am Rand bewimperte Blätter. Die wichtigsten Gebiete, in denen Alpenrosenhonig geerntet werden kann, sind die Hochalpen von Vorarlberg, Tirol, Salzburg, Kärnten und die Zentralalpengebiete der Steiermark.

Alpenrose

Die Alpenrosentracht bringt die Völker in einen zweiten Frühling. Es setzt neuerlich eine Aufwärtsentwicklung mit reichlichem Bruteinschlag und dem Aufleben der Schwarmstimmung ein. In guten Jahren und bei Schönwetter kann die Alpenrose eine Massentracht mit Tageszunahmen von bis zu 4 kg liefern. In diesem Fall erlischt dann auch die Schwarmstimmung. Bei schwächerer Tracht ist der Einsatz des Absperrgitters empfehlenswert. Diese Tracht ist für Bienen sehr attraktiv und sie befliegen die Alpenrosen sogar noch bei leichtem Regen, solange die Temperatur nicht zu stark sinkt. Für ein gutes Honigen sind nicht zu kühle Nächte wichtig. Zur Nutzung dieser Tracht ist im Normalfall eine Wanderung in das Hochgebirge erforderlich. Wegen der Gefahr von Schlechtwettereinbrüchen ist eine gute Futterversorgung der Wandervölker besonders wichtig. Der Wanderplatz sollte so gewählt werden, dass die Bienen windgeschützt stehen und der Tracht bergwärts folgen können. Günstig sind gegliederte Hänge mit Lawinenkegeln, Mulden und Rinnen, in denen der Schnee lange liegen bleibt. Dadurch wird die Tracht verlängert.

In der Obersteiermark honigt laut Berichten der Imker nur die rostrote Alpenrose ergiebig auf Urgestein ab Höhen von etwa 1.300 m. Der Wanderzeitpunkt liegt in diesem Gebiet im Durchschnitt der Jahre zwischen dem 20. und dem 25. Juni. Unter Ausnutzung von Sonn- und Schattseite dauert die Tracht bis in die erste Augustwoche. Alle zwei Jahre gibt es eine sehr reiche Blüte. Die Blüten sind nicht frostempfindlich und beginnen auch nach Schlechtwettereinbrüchen mit Schneefall wieder mit der Nektarabsonderung.

Laut Berichten aus Vorarlberg honigt dort auch die bewimperte Alpenrose in den Kalkgebirgen ausgezeichnet. Die Tracht beginnt Anfang bis Mitte Juni und dauert etwa zwei Wochen. Die besten Zunahmen werden bei Tagestemperaturen von über 20° C erzielt. Der eingetragene Honig wird sehr schnell und völlig weiß verdeckelt. Da ein enger und

Biene vor Alpenrosenblüte

warmer Bienensitz den Wassergehalt des Honigs verringert, empfiehlt es sich bei der Raumgabe nicht zu großzügig zu sein.

> Die Devise sollte lauten: „Lieber weniger, aber reife und gedeckelte Honigwaben, als viele halbvolle und wässrige."

Beim Schleudern fließt der Honig leicht und wasserklar aus der Wabe. Kommen neben der Alpenrose auch noch andere blühende Alpenkräuter vor, erhält der Honig eine bernsteingelbe Farbe. Innerhalb von 3–4 Wochen nach dem Schleudern wird der Honig sehr zähflüssig, kristallisiert aber erst nach 3–4 Monaten. Die Farbe des kristallisierten Honigs ist Weiß. Wo sich die Möglichkeit bietet, sollte der Imker in die Alpenrosentracht wandern, da der Honig eine echte Spezialität des Hochgebirges darstellt und wegen seines Aromas gerne und zu einem guten Preis gekauft wird.

Sonnenblume

Die Sonnenblume *(Helianthus annuus L.)* gehört zur Familie der Korbblütler. In den vergangenen Jahren wird sie in Österreich verstärkt zur Ölgewinnung angebaut. Den Imkern hat sich dadurch eine neue einträgliche Trachtquelle eröffnet, die auch genutzt werden sollte. Zentren des Sonnenblumenanbaues sind der pannonische Raum, das Marchfeld und das Weinviertel sowie das Tullner Becken. Die Blütezeit beginnt Anfang bis Mitte Juli und dauert zirka drei Wochen.Um reichlich Nektar zu produzieren, muss die Sonnenblume auf einem guten, tiefgründigen Boden wachsen. Ausreichende Niederschläge vor Beginn der Blütezeit sind wich-

Sonnenblumen

tig (Bewässerung). Auf seichten Schotterböden (z. B. Steinfeld) ist der Honigertrag nur gering. Heißes, trockenes Wetter zur Blütezeit beeinträchtigt die Nektarproduktion nicht. Negativ wirken sich Kälteeinbrüche zu dieser Zeit aus.

Die größten Tageszunahmen werden zu Beginn der Blütezeit erzielt und können mehrere Kilogramm betragen. Die Anwanderung der Felder muss erfolgen, sobald sich die ersten Blütenkörbe öffnen. Bereits eine Woche Verspätung bei der Anwanderung bedeutet einen Ertragsverlust von mehr als 50 %! Um einen hohen Ertrag zu erzielen, müssen die Völker noch stark sein, da sich die Bienen in der Sonnenblume sehr stark abarbeiten. Die Bienenverluste sind geringer, wenn die Völker nicht direkt am Feld aufgestellt werden. Die Bienen werden dann bei Schlechtwetter nicht mehr hinausgelockt, sondern bleiben im Stock. Das große Pollenangebot bewirkt einen starken Bruteinschlag und die Aufzucht hochwertiger Winterbienen. Sonnenblumenhonig ist goldgelb und hat ein charakteristisches, fruchtiges Aroma mit einem leicht herben Einschlag. Durch den hohen Gehalt an Traubenzucker kristallisiert der Honig rasch und sehr hart. Als Cremehonig aufbereitet behält er jedoch sein wunderbares Aroma und wird von den Honigkunden sehr geschätzt.

Spättracht

In Österreich versiegen in den meisten Jahren Anfang August die Nektar- und Honigtauquellen mit dem Ende der Wald- und Sonnenblumentracht. Lokal meist eng begrenzt können sich für die Bienen aber noch Trachtmöglichkeiten ergeben, die dem Imker zwar keinen schleuderbaren Ertrag bringen, für den Aufbau gesunder Winterbienenvölker jedoch unbedingt genutzt werden sollten. Dazu gehört in Ackerbaugebieten die

Goldrute

Riesenspringkraut

Tracht aus dem Buchweizen und in Augebieten die Tracht aus dem Riesenspringkraut, der Goldrute und der Herbstaster. Der Buchweizenanbau war vor einigen Jahrzehnten noch eine wichtige Trachtquelle für die Imker, hat aber seither immer mehr an Bedeutung verloren. Wenn Wetter, Boden, Sorte und Volksstärke stimmen, kann sogar ein kleiner Ertrag für den Imker anfallen. Meist wird der Buchweizen aber nur die Bedeutung einer Herbstaufbautracht haben. Als solche sollte er auch wegen der Förderung der Volksentwicklung genützt werden, wo immer sich die Möglichkeit bietet.

Das aus dem Himalayagebiet zuerst als Zierpflanze eingeführte, mittlerweile verwilderte und in Augebieten wild wuchernde Riesenspringkraut (= Indische Riesenbalsamine) kann bei einem Massenvorkommen den Völkern den Wintervorrat fast zur Gänze liefern. Auf guten Auböden kann es bis zu 3 m hoch werden und blüht von Mitte Juli bis Ende August. Auf kargen Böden und in höheren Lagen, es kommt teilweise bereits bis auf 1.000 m Seehöhe vor, ist der Wuchs niedriger und die Blütezeit beginnt auch später. Neben Bienen wird es auch sehr gerne von Hummeln besucht. Die aus Kanada eingeführte und verwilderte Goldrute bildet in Augebieten ebenfalls dichte Bestände, die für die Bienen eine wertvolle Spättracht an Pollen und Nektar liefern. In manchen Gebirgsregionen, vornehmlich auf Kalkuntergrund, kann es durch die reiche Blütenflora im August noch eine gute Tracht geben, die den Bienenvölkern reichlich Pollen und dem Imker mitunter eine kleine Ernte eines hocharomatischen Honigs liefert. Die besten Gebiete sind Waldschläge und feuchte Wiesen mit ihrem Bestand an Kreuzkraut- und Distelarten, Bärenklau, Engelwurz, Weißklee, Dost, Minze u. a.

Alternativkulturen und Grünbracheflächen als Bienenweide

Durch den großflächigen Anbau von Alternativkulturen (Raps, Sonnenblume, Kürbis, Pferdebohne u. a.) hat sich auch in den intensiv genutzten Ackerbaugebieten das Nektar- und Pollenangebot für die Bienen sehr stark verbessert. Die trachtlosen Zeiten, vor allem für die Standimker, haben sich in diesen Gebieten in entsprechendem Umfang reduziert und die produzierten Honigmengen sind angestiegen.

Eine weitere Möglichkeit zur Trachtverbesserung kann sich durch die Anlage bzw. Ausweitung der so genannten „Grünbracheflächen" ergeben. Versuchsflächen in Oberösterreich zeigen, dass nicht nur die Bienen und damit die Imker, sondern auch zahlreiche Arten von Wildbienen, Hummeln, Schmetterlingen, Schwebfliegen und andere Nützlingsarten sowie auch das Wild von den neu geschaffenen Äsungs- und Deckungsflächen profitieren.

Eine von der Oberösterreichischen Landwirtschaftskammer erprobte Grünbrachemischung besteht aus Gelbsenf, Phacelia, Inkarnatklee, Perserklee, Buchweizen, Sonnenblume und Steinklee und zeigt neben einer sehr langen Blühdauer auch eine hervorragende Fruchtfolgewirkung.

Buchweizen

Die Mischung wurde bisher vom Inn- bis ins Mühlviertel erfolgreich erprobt und dürfte daher für die meisten Ackerbaugebiete Österreichs geeignet sein. Ein Sack Saatgut reicht für eine Fläche von einem Hektar. Saatgutkosten pro Hektar: zirka 80,- Euro. In vielen Fällen sind auch die Jagdpächter an neuen Äsungsflächen interessiert und übernehmen einen Teil der Saatgutkosten. Diese Mischung ist besonders für ein- und zweijährige Stilllegungsflächen geeignet. Die Aussaat erfolgt im Frühjahr (April, Mai). Die Blütezeit liegt zwischen Mitte Juni bis Mitte Juli. Ein bis zwei Mal pro Jahr wird der Pflanzenbestand geschlegelt. Die Kleearten treiben dann wieder aus und kommen erneut zur Blüte. Ist als Folgefrucht der Anbau von Raps geplant, muss die Grünbrachefläche geschlegelt werden, bevor der Senf Samen bilden kann (etwa zu Beginn der Sonnenblumenblüte), damit keine Probleme mit der Nachfrucht auftreten. Im zweiten Jahr der Brache kommt dann der Steinklee zur Blüte.

Waldtracht

Bedeutung für die Imkerei

Die Waldtracht ist heute für weite Teile Mitteleuropas die wichtigste Tracht. In Österreich beträgt ihr Anteil an der gesamten Honigproduktion zirka 70 %. Für viele Betriebe ist die Imkerei erst durch die Ausnutzung der Waldtracht rentabel. Zu den Besonderheiten der Waldtracht gehört das unregelmäßige Auftreten in den einzelnen Jahren und auf den verschiedenen Standorten. Die Ernte kann in einem Jahr sehr reich, im nächsten Jahr sehr mager ausfallen oder gänzlich ausbleiben. In den alpinen Gebieten Österreichs und im Bereich der Böhmischen Masse honigt der Wald durchschnittlich 7–10 Mal in zehn Jahren in mehr oder weniger großem Umfang. In den Tannentrachtgebieten ist durchschnittlich 2–6 Mal in zehn Jahren mit einer Tracht zu rechnen.

Wenn „der Wald honigt", ist jedoch immer ein Massenanfall von Honigtau zu beobachten, der von den Bienen nur zu einem Bruchteil genutzt werden kann. Durch den guten Preis und die Beliebtheit bei den Konsumenten sollte jeder Imker danach trachten, die Waldtracht im Rahmen seiner Möglichkeiten optimal auszunützen. Der Imker muss versuchen, zeitgerecht den Ort und die Ergiebigkeit der Honigtautracht abzuschätzen. Dies ist nur durch die Kenntnis der beteiligten Honigtauerzeuger und durch regelmäßige Waldbeobachtung möglich. Bereits geringe Entfernungs- und Höhenunterschiede können eine Wanderung lohnend machen. Im Umkreis weniger Kilometer sind oft Ertragsunterschiede von 10–20 kg pro Volk möglich. Es gibt auch in schlechten Waldtrachtjahren immer wieder Trachtinseln, auf denen der Wald gut honigt und die es aufzuspüren gilt. Die Völkerführung zur Nutzung der Waldtracht muss dafür sorgen, dass möglichst viele Bienen zur Trachtzeit vorhanden sind und die Völker möglichst nahe an der Trachtquelle, am besten im Wald, stehen.

Vor der Einwinterung ist der Waldhonig aus den Völkern zu entnehmen, um Überwinterungsprobleme (Ruhr) zu vermeiden. Genügend Jungvölker als Ersatz für abgearbeitete Waldtrachtvölker sind rechtzeitig zu bilden.

Entstehung

Grundlage für die Entstehung einer Waldtracht ist das Massenauftreten so genannter Honigtauerzeuger. Dabei handelt es sich vorwiegend um Insekten aus der Gruppe der Blatt-, Schild- und Rindenläuse, die mit ihren Mundwerkzeugen die Saft führenden Leitungsbahnen der Pflanzen anstechen und einen zuckerhaltigen Saft, den Honigtau, ausscheiden. Die Stärke und der Höhepunkt der Massenvermehrung werden von der eigenen Vermehrungskraft, dem Klima, der Assimilationsleistung des Wirtsbaumes und diese wiederum von den Witterungs- und Standorteinflüssen (Wasser- und Nährstoffversorgung, Untergrund, Hang- und Höhenlage, Alter und Gesundheitszustand der Bäume) ganz entscheidend beeinflusst.

Honigtauerzeuger und ihre Lebensweise

Periodisch auftretende Schwankungen und Defizite im Aminosäurengehalt des Pflanzensaftes können die Pflanzensauger mit Hilfe von Endosymbionten überbrücken. Bei den Endosymbionten handelt es sich um Bakterien, die in spezialisierten Gewebeabschnitten – den Myzetomen – leben und die Biosynthese verschiedener Vitamine und fehlender essenzieller Aminosäuren sowie von Cholesterin durchführen können. Eier bzw. ungeschlechtlich erzeugte Nachkommen der Pflanzensauger werden bereits im Mutterleib von den Endosymbionten besiedelt. Feinde und Krankheiten können den Massenwechsel der Honigtauerzeuger zusätzlich in erheblichem Ausmaß beeinflussen, wie die gegenläufigen Populationszyklen zeigen. Die bienenwirtschaftlich wichtigen Honigtauerzeuger gehören alle zur Gruppe der Siebröhrensauger. Das heißt, sie stechen die Leitungsbahnen an, in denen die Zuckerstoffe in der Pflanze transportiert werden und nehmen den Siebröhrensaft auf. Im Körper der Pflanzensauger passiert der Pflanzensaft einen spezialisierten Darmabschnitt, den so genannten Filterdarm. Hier findet eine Druckfiltration statt, bei der Aminosäuren (das sind Eiweißbausteine) zurückgehalten werden. Diese Aminosäuren und ein Teil des im Pflanzensaft enthaltenen Zuckers (zirka 50–70 %) sowie ein Teil des Wassers (33–50 %) passieren den Mitteldarm und werden resorbiert.

> Das durch Druck in den Hinterdarm filtrierte überschüssige Wasser und der darin enthaltene Zucker werden als Honigtau ausgeschieden, ohne den eigentlichen Verdauungstrakt passiert zu haben. Bei Pflanzensaugern mit Filterdarm enthält der Honigtau 25–55 % Rohrzucker (= Saccharose), bei Pflanzensaugern ohne Filterdarm hingegen nur 1 %. Die Honigtauproduktion bei Pflanzensaugern mit Filterdarm ist 2–3 Mal höher als bei solchen ohne Filterdarm.

Honigtau

Die Bienen nehmen den Honigtau entweder von der Körperoberfläche des Tieres (Beispiel Fichtenquirlschildlaus) oder von der Pflanzenoberfläche auf, wenn der Honigtau abgespritzt wird (Beispiel: Linden- und Eichenzierlaus, Tannenhoniglaus). Damit auch der Imker einen Ertrag aus der Waldtracht hat, ist neben dem Massenauftreten der Honigtauerzeuger und starken Bienenvölkern auch eine günstige Witterung zur Zeit der Honigtauproduktion notwendig. Starke Regenfälle und Gewitter können den Honigtau abwaschen und auch ungeschützt sitzende Lachnidenkolonien stark dezimieren.

Waldameisen und Honigtauerzeuger
Manche pflanzensaugende Insekten haben eine enge Beziehung zu Ameisen entwickelt. Die Ameisen beschützen die Stammmütter der Lachniden, pflegen die Kolonien und sammeln den ausgeschiedenen Honigtau als Nahrung.

> Für den Imker besonders interessant ist der Zusammenhang zwischen den Hügel bauenden Waldameisen und den Honigtau produzierenden Lachniden bzw. Lecanien. In der Regel findet man daher in der Nähe von Waldameisennestern eine größere Anzahl sowohl von Lachniden als auch von Lecanien als in nestfernen oder ameisenfreien Waldbezirken.

Ameisenhaufen

Ameisen beim Honigtausammeln

Reiche Ameisenvorkommen weisen immer auf Standorte mit guter Honigtauproduktion hin, da die Ameisen ihren Kohlehydratbedarf fast ausschließlich durch den Eintrag von Honigtau decken und große Ameisenkolonien nur dort Bestand haben, wo über mehrere Jahre hinweg reiche Nahrungsgründe vorhanden sind. Durch den Ameisenschutz der Lachniden-Stammmütter können sich um Ameisennester Ausbreitungszentren der geflügelten Lachnidenstadien entwickeln, von denen aus dann weitere Waldgebiete besiedelt werden. In ungünstigen Jahren stellen die Bereiche um Ameisennester Erhaltungszentren für die Lachniden dar. Steigt die Anzahl belaufener Bäume im Ameisenbereich plötzlich an, ist dies für den beobachtenden Imker immer ein Hinweis darauf, dass die Ausbreitungsflüge der Lachniden stattgefunden haben und der Beginn der Waldtracht bevorsteht.

Waldtrachtprognose

Die Waldtracht lässt sich nur schwer vorhersagen. Bei der Kleinen Lecanie können aus der Anzahl der Wander- und auch der Überwinterungslarven gewisse Rückschlüsse auf eine kommende Tracht gezogen werden. Eine generelle Unterscheidung zwischen „guten" und „weniger guten" Lecanientrachtgebieten kann auf folgende Art getroffen werden:

> Auf den in Frage kommenden Wander- und Trachtstandorten wird zur gleichen Zeit (gleicher Entwicklungszustand der Lecanien) der durchschnittliche Lecanienbesatz pro Quirl (gleiches Quirlalter; Quirl = Maitriebansatz) ermittelt. Der Standort mit dem stärksten Lecanienbesatz wird jährlich der bessere Trachtstandort sein. Erfahrungsgemäß honigen die Lecanien auf natürlichen Fichtenstandorten (= Standorte über 500 m Seehöhe) bei gleichem Besatz besser als auf sekundären Fichtenstandorten im Flachland. Die noch mehrere Jahre sichtbaren Brutblasen der abgestorbenen Tiere können ebenfalls dazu dienen, mit bloßem Auge gute von schlechten Lecaniengebieten abzugrenzen.

Lecanienlarven in einem Fichtenquirl

Die Lachnidentracht lässt sich noch schwerer vorhersagen als die Lecanientracht. Zur Beurteilung, ob ein bestimmtes Waldgebiet honigen wird oder nicht, kann die Beobachtung der Stammmutteranzahl, die Entwicklung der ersten Tochtergenerationen, die Beobachtung des Ausbreitungsfluges und der Größe der Tochterkolonien gewisse Ansatzpunkte liefern. Bei der grünen Tannenhonigglaus kann auch die Anzahl der auf dem Unterwuchs oder ausgelegten Platten gefundenen Honigtautropfen zur Abschätzung der Trachtaussichten herangezogen werden.

Letzten Endes sind, speziell vom Wanderimker, immer kurzfristig die Trachtaussichten unter Berücksichtigung des Befallsverlaufes und der Wetterlage zu beurteilen. Wenn Waagstockzunahmen von über 0,5 kg und dunkler Honig in den Waben auftreten, kann man die Wanderung wagen. Der Urheber der Tracht (Art der Honigtauerzeuger) sollte allerdings bekannt sein, um z. B. nicht aufgrund des letzten, schwachen Honigtauangebotes der Lecanien in ein künftig trachtloses Gebiet zu wandern.

Probleme bei der Waldtrachtnutzung

Im Verlaufe einer intensiven Waldtracht kann es bei den Bienenvölkern zu starken Abnützungserscheinungen mit Krankheitssymptomen kommen (Waldtrachtkrankheit, Schwarzsucht), die meist wieder abklingen, wenn die Tracht aufhört oder die Bienen aus der Tracht weggewandert werden. Besonders stark sind diese Erscheinungen zu beobachten, wenn die Völker während der Waldtracht nur wenig Pollen sammeln können oder die Tracht sehr lang andauert. Eine gute Möglichkeit zur Nutzung einer späten Waldtracht ist das so genannte Rotationssystem, bei dem zur Zeit der Blütentracht genügend Jungvölker aufgebaut werden, um die abgearbeiteten und aufgelösten Wirtschaftsvölker zu ersetzen.

Waldtracht-Krankheiten

> Durch seinen hohen Mineralstoffanteil und die mitunter feste Konsistenz (Melezitosehonig) ist Waldhonig für die Überwinterung nicht oder nur schlecht geeignet. Der Waldhonig sollte daher möglichst vollständig aus dem Wintersitz der Völker entnommen und durch eine Fütterung mit Zuckerwasser ersetzt werden.

Zuckerwasser enthält, im Gegensatz zu Waldhonig, nur wenige mineralische Bestandteile und die Kotblase wird während der fluglosen Winterperiode nicht übermäßig durch Verdauungsrückstände belastet (Ruhrgefahr!).

Die wichtigsten Honigtauerzeuger

Allgemeines

Die Entwicklung der Honigtauerzeuger ist vom jahreszeitlichen Wachstumsverlauf der Vegetation abhängig und deshalb von Jahr zu Jahr und von Standort zu Standort verschieden. Bei den bienenwirtschaftlich wichtigen Honigtauerzeugern gibt es im Wesentlichen zwei Gruppen:

Kleine Lecanie mit Honigtautropfen

1. Die nur im Larvenstadium zeitweise beweglichen, als heranwachsende und erwachsene Tiere festsitzenden Schildläuse mit nur einer Generation pro Jahr. Neue Quirle und Äste werden von den beweglichen Larven aufgesucht. Die Überwinterung erfolgt im Larvenstadium. Vertreter dieses Entwicklungstyps sind die Große und die Kleine Lecanie.

2. Die als Larven und auch als erwachsene Tiere beweglichen Blatt- und Rindenläuse, die pro Jahr eine Abfolge von mehreren Generationen entwickeln. Zu bestimmten Zeiten treten auch geflügelte Tiere auf, die – vom Mutterbaum ausgehend – neue Bäume besiedeln können. Die Überwinterung erfolgt im Eistadium. Beispiele dafür wären die Rotbraune bepuderte, die Stark bemehlte oder die Große schwarze Fichtenrindenlaus. In der Tabelle links unten ist der Unterschied zwischen beiden Gruppen schematisch dargestellt.

Kleine Fichtenquirlschildlaus
Bienenwirtschaftliche Bedeutung
Die Kleine Fichtenquirlschildlaus *(Physokermes hemicryphus DALMAN)*, auch Kleine Lecanie genannt, ist in Österreich die wichtigste Honigtauerzeugerin auf der Fichte.

Aussehen und Saugort
Die Weibchen sitzen an den Verzweigungsstellen der Äste, sind zirka 2,5–4,5 mm groß und haben im reifen Zustand ein blasenförmiges Aussehen.

Entwicklung und Lebensweise
Die Eier werden, je nach Höhenlage, von Juni bis Juli unter dem Schild abgelegt. Daraus schlüpfen zwischen Mitte Juli und Ende August – im Gebirge bis September – die beweglichen Wanderlarven, die bei trockenem Wetter aus der Brutblase auswandern und sich unter den Quirlschuppen, vorwiegend an den jüngsten Trieben, ansiedeln. Bei einem Massenbefall können aber auch 4–5 Zweigstockwerke besiedelt werden. Sie häuten sich dort einmal und überwintern im zweiten Larvenstadium. Im Laufe des Frühjahrs häutet sich die Zweitlarve zum erwachsenen Tier, das anschließend eine 3- bis 4-wöchige Wachstumsphase durchläuft, während der Honigtau abgesondert wird. Am gleichen Baum sind Entwicklungsunterschiede bis zu zwei Wochen möglich. Neben individuellen Unterschieden in der Entwicklung ist der Beginn der Honigtauabsonderung auch von der Höhenlage abhängig und liegt zwischen Mitte Mai und Anfang Juli. Die Trachtdauer kann bis zu 34 Tage betragen. Sobald die Tiere Honigtautropfen produzieren, sind sie in den Quirlen leicht zu entdecken.

Unterschiede

Lecanien	Lachniden
1 Generation/ Jahr	Bis 10 (12) Generationen/ Jahr
Ortsfest	Beweglich
Wetterfest	Nicht wetterfest
Winter als Larve	Winter- Ei
Wenig Ameisen	Häufig mit Ameisen
Parasiten und Räuber vernichten sie meist erst nach der Honigtau- produktion	Parasiten und Räuber beein- trächtigen sie von der 1. bis zur letzten Ge- neration

u. a.

Unterschiede zwischen Lecanien und Lachniden

Zu Beginn der Wachstumsphase sind die Tiere blass gefärbt. Mit zunehmendem Alter ändert sich die Farbe von blassgelb über kirschrot (= Zeichen der Paarungsreife und gleichzeitig Zeitpunkt der stärksten Honigtauproduktion) und hellbraun zu dunkelbraun. Eine braune Färbung ist auch ein Anzeichen dafür, dass die Entwicklung abgeschlossen ist und die Honigtauproduktion zu Ende geht. Zu diesem Zeitpunkt hat auch bereits die Eiablage unter dem Schild stattgefunden.

Bei der Kleinen Lecanie treten aufgrund der teilweise eingeschlechtlichen (= parthenogenetischen Fortpflanzung) nur in geringer Zahl Männchen auf, die meist in der Nähe der Quirl auf Nadeln und Rinde überwintern. Nach einer Häutung schlüpft das geflügelte Männchen und begattet das dann kirschrote Weibchen. Die Tiere finden sich vorwiegend auf älteren Fichten. Von Baum zu Baum können große Unterschiede im Besatz auftreten, die auch in Jahren mit gutem und schlechtem Besatz erhalten bleiben. Schwachwüchsige Bäume sind meist stärker besiedelt als starkwüchsige. Da auch die Besatzdichte und damit die Trachtaussichten von Jahr zu Jahr größeren Schwankungen unterliegen, sollten für eine Trachtbeobachtung immer dieselben Bäume herangezogen werden. Entscheidend für einen hohen Besatz sind die erfolgreiche Ansiedelung möglichst vieler „Wanderlarven" in den Quirlen und eine hohe Überlebensrate der überwinternden Larven. Warmes und trockenes Wetter zur Zeit der Wanderphase ist günstig. Ein Teil der Larven wird vom Wind auf die umgebenden Bäume und Zweige, aber auch auf den Boden verweht. Die Überlebensrate schwankt in einem weiten Bereich und liegt zwischen 10 und 50 Prozent.

Die erwachsenen Weibchen können in manchen Jahren zu einem hohen Prozentsatz von Schlupfwespen parasitiert sein, was an einem Loch im Schild erkennbar ist. Die Beziehung der Kleinen Lecanie zu Ameisen ist gering, obwohl man in der Nähe von Waldameisennestern meist einen deutlich höheren Besatz feststellen kann. Der erzielbare Honigertrag ist neben einem starken Besatz auch noch vom Alter der Bäume und ihrem Gesundheitszustand sowie von den Bodenverhältnissen und den örtlichen Gegebenheiten abhängig.

Alte Imkerregel

„Je enger der Graben, desto besser die Tracht."

Durch die Verschiebung der Entwicklungsdauer zwischen Sonn- und Schattseite und mit der Höhenlage ergibt sich eine Trachtverlängerung.

Die höhere Luftfeuchtigkeit in engen Tälern erleichtert den Bienen ebenfalls die Aufnahme des Honigtaues.

Trachtbeobachtung und -prognose

Die Vorhersagemöglichkeit einer Lecanientracht wurde von Pechhacker und Liebig eingehend untersucht. Messungen der Anzahl der Wanderlarven, der überwinternden Larven und die Beobachtung der Besatzdichte im Frühjahr erlauben eine gewisse Aussage über die zu erwartende Tracht. Details dazu finden Sie im Buch „Waldtracht und Waldhonig in der Imkerei" sowie bei Liebig im Buch „Die Waldtracht".

Große Fichtenquirlschildlaus

Bienenwirtschaftliche Bedeutung

Die Große Fichtenquirlschildlaus *(Physokermes piceae* [Schrank]), auch Große Lecanie genannt, ist wesentlich seltener zu finden als die Kleine Lecanie. Sie wird von Ameisen gerne besucht. In manchen Jahren können die Bienen bereits von der Großen Lecanie nennenswerte Honigtaumengen eintragen, doch sind diese Gebiete meist regional sehr begrenzt.

Aussehen und Saugort

Die 7–8 mm großen Weibchen haben ein blasenförmiges Aussehen. Sie sitzen bevorzugt in den Quirlen von starkwüchsigen Zweigen jüngerer Fichten und im Kronenbereich von älteren Fichten. Bei starkem Befall sind sie auch außerhalb der Quirl zu finden.

Entwicklung und Lebensweise

Überwinterung und Entwicklung verlaufen gleich wie bei der Kleinen Fichtenquirlschildlaus. Zeitlich beginnt die Entwicklung jedoch bereits einen Monat früher. Die Häutung zum erwachsenen Tier findet ab März statt. Wenn die Maitriebe die Schuppenhütchen verlieren, ist sie fleischrot.

Der Trachthöhepunkt wird im Mai erreicht, wenn die Weibchen kirschrot gefärbt und paarungsbereit sind. Die Eiablage in die Brutblase erfolgt zwischen Mai und Mitte Juni. Anhand der Farbabfolge, die gleich verläuft wie bei der Kleinen Lecanie, lassen sich die einzelnen Entwicklungsstadien beurteilen.

Große Fichtenquirl-schildlaus

Trachtbeobachtung und Prognose

Die Große Lecanie kann dem Imker einen Hinweis auf den voraussichtlichen Trachtbeginn der Kleinen Lecanie liefern, da ihre Entwicklung etwa einen Monat vorauseilt.

Rotbraune Bepuderte Fichtenrindenlaus

Bienenwirtschaftliche Bedeutung

Die Rotbraune Bepuderte Fichtenrindenlaus *(Cinara pilicornis* [Hartig]) hat durch ihr zahlreiches und weit verbreitetes Auftreten eine erhebliche bienenwirtschaftliche Bedeutung in weiten Teilen Mitteleuropas.

Zeitlich überschneidet sich die Tracht oft mit jener der Kleinen Lecanie.

Aussehen und Saugort

Sie sitzt und saugt bevorzugt an der Rinde starkwüchsiger Zweige von Jungfichten und im Kronenbreich älterer Fichten. Sobald die Maitriebe erscheinen, wechselt sie auf diese über. Es treten geflügelte und ungeflügelte erwachsene Tiere auf. Ihre Größe liegt zwischen 3–5 mm. Die Körperfarbe ist bräunlich-grün bis rotbraun. Am Rücken finden sich leistenförmige, helle Wachsausscheidungen, die das bepuderte Aussehen der Tiere bewirken. Zwei Längsstreifen bleiben ohne Wachsausscheidungen und erscheinen rotbraun.

Geschlechtstiere treten nach dem Verholzen der Maitriebe bereits im Sommer auf. Die Männchen sind kleiner als die Weibchen und grau bis graugrün gefärbt. Geschlechtsreife Weibchen tragen am Hinterende einen weißen Wachswollring.

Die schwarzen etwa 1,3 mm großen Eier werden ab Juli einzeln oder zu zweit, eher zur Nadelmitte hin, auf diesjährige Nadeln abgelegt.

Entwicklung und Lebensweise

Die Überwinterung erfolgt im Eistadium. Die Stammmutterlarven siedeln sich auf der Triebunterseite der vorjährigen Zweige an, wo sie zu erwachsenen Tieren heranwachsen. Die ersten Tochtergenerationen entstehen durch ungeschlechtliche Vermehrung und siedeln sich in der Nähe der Stammmütter an, sodass größere Kolonien entstehen. Durch die große Fruchtbarkeit können theoretisch von einer Stammmutter mehr als 1.000 Enkel abstammen.

Ein gewisser Teil der ersten und zweiten Tochtergeneration hat entwickelte Flügel. Etwa ab Mitte Juni findet der Ausbreitungsflug der geflügelten Jungtiere statt, die sich auf den frischen Maitrieben ansiedeln und durch ungeschlechtliche Vermehrung erneut Kolonien bilden. Ein Teil der dritten Tochtergeneration entwickelt sich zu Geschlechtstieren. Nur die Männchen sind geflügelt.

Nach der Begattung werden bereits im Juli die Eier für die Überwinterung abgelegt. Da ein Teil der dritten Tochtergeneration auf ungeschlechtlichem Weg weitere Geschlechtstiere zur Welt bringt, findet man eierlegende Weibchen von Mitte Juli bis September.

Honigtautropfen an einem Maitrieb

Trachtbeobachtung und Prognose

Eine längerfristige Trachtprognose aufgrund von Zählungen der Wintereier oder der Stammmütter ist schwierig, da diese oft nur schwer gefunden werden. Der Aufbau eines Massenbefalles erfolgt über die enorme Vermehrungsfähigkeit der Mutter- und Tochtergenerationen. Theoretisch kann die Gesamtvermehrungsrate bis zum 10.000-fachen der Stammmütterzahl betragen.

Für die Ausbildung einer Tracht ist ein erfolgreicher Ausbreitungsflug der geflügelten Jungtiere entscheidend. Durch den ungeschützten Sitz der Lachniden auf den Maitrieben sind sie sehr witterungsanfällig.

> Der Trachtschluss setzt ein, sobald die Maitriebe verholzen und die Lachnidenkolonien zusammenbrechen. Die mögliche Ausbildung einer Tracht lässt sich somit nur kurzfristig durch Beobachtung des Ausbreitungsfluges und der Kolonienanzahl an den Maitrieben abschätzen.

Dazu werden, je nach Höhenlage, ab Anfang Juni Maitriebe früh austreibender Fichten nach geflügelten Tieren abgesucht. 1–2 Wochen nach dem Ausbreitungsflug können die neuen Kolonien auf den Maitrieben ausgezählt werden. Sind zahlreiche Maitriebe pro Baum befallen, kann mit dem Einsetzen der Tracht gerechnet werden.

Stark Bemehlte Fichtenrindenlaus
Bienenwirtschaftliche Bedeutung

Die Stark Bemehlte Fichtenrindenlaus (*Cinara costata* [Zetterstedt]) tritt in Österreich alle 2–3 Jahre verstärkt auf. In der Folge kommt es in vielen Gebieten durch den sehr melezitosereichen Honigtau zum Auftreten von nicht schleuderbarem Honig. In dieser Tracht bauen und brüten die Völker bei ausreichendem Raumangebot sehr stark und werden stärker statt schwächer. Tageszunahmen von bis zu 6 kg können auftreten. Der melezitosereiche Honig kann bei der Überwinterung große Probleme verursachen (Ruhr, Futternot), da er ohne Wasser nicht aufgelöst werden kann. In der Folge kann es zu erheblichen Völkerverlusten im nächsten Frühjahr kommen.

Stark bemehlte Fichtenrindenlaus

Aussehen und Saugort

Sie ist glänzend-bronzefarben gefärbt. Der Körperumriss ist dreieckig. Die ganze Laus und auch die Kolonien sind von einer dichten Schicht aus Wachswolle bedeckt, sodass die Einzeltiere oft nur schwer erkennbar sind. Auf den Ästen bleibt der Wachsüberzug auch nach dem Verschwinden der Tiere noch lange Zeit sichtbar. Sie besiedelt in Kolonien vorzugsweise die der Sonne abgewandte Seite von ein- und mehrjährigen schwachwüchsigen Zweigen.

Lebensweise und Entwicklung

Nach der Überwinterung schlüpfen aus den Eiern die Larven der Stammmütter, die sich lichtgeschützt auf dünneren Zweigen im Bauminneren ansiedeln. In der zweiten und dritten Tochtergeneration entstehen zwischen Ende Mai und Ende Juni geflügelte Tiere, die neue Bäume besiedeln. Im September entstehen die Geschlechtstiere, die im September dann die Eier ablegen.

Wabe mit Melezitosehonig

Trachtbeobachtung und -prognose

Die Tracht setzt normalerweise nach dem Ausbreitungsflug Mitte bis Ende Juli ein, kann sehr ergiebig sein und auch längere Zeit andauern. Durch die Kontrolle der Besatzdichte lassen sich die Aussichten auf das Einsetzen einer Melezitosetracht abschätzen. Tageszunahmen im Juli bis über 2 kg weisen immer darauf hin, dass die Stark bemehlte Fichtenrindenlaus an der Tracht beteiligt und mit Melezitosehonig zu rechnen ist. Am besten ist es, den Bienen reichlich Baugelegenheit zu geben und den nicht schleuderbaren Honig im Jungfernbau als Wabenhonig zu gewinnen und den Kunden anzubieten.

Der Geschmack des Melezitosehonigs ist ganz vorzüglich. Im Frühjahr lassen sich Melezitosewaben auch zur Reizfütterung verwenden. In den hohen Boden eingelegt, werden sie von den Bienen geleert und der Honig wird umgetragen.

Fest kristallisierte Stoppel von Melezitosehonig

Große Schwarze Fichtenrindenlaus
Bienenwirtschaftliche Bedeutung

Die Große Schwarze Fichtenrindenlaus (*Cinara piceae* [Panzer]) kann in manchen Jahren, vor allem in höheren Lagen, einen wesentlichen Anteil am Zustandekommen der Waldtracht haben. Die Tracht tritt jedoch oft nur lokal und relativ kurzfristig auf. Die Honigtauabsonderung erreicht in der Regel erst nach der Lecanientracht oder der Tracht von der Rotbraunen bepuderten Fichtenrindenlaus ihr Maximum.

Aussehen und Saugort

Die erwachsenen Tiere sind schwarz bis braunschwarz gefärbt und 5–7 mm groß. Es kommen geflügelte und ungeflügelte Tiere vor. Die ungeflügelten Geschlechtstiere treten im Herbst auf. Die Weibchen erkennt man am weißen Wachswollring am Hinterleib. Vorzugsweise werden dicke Äste und der Stamm im Wipfelbereich von Fichten besiedelt. Die Eier

*Große Schwarze
Fichtenrindenlaus*

sind schwarz und 1,5–1,6 mm lang. Sie werden auf die Nadeln, manchmal aber auch auf die Rinde der dies- und vorjährigen Triebe abgelegt. Neben einzeln abgelegten Eiern finden sich auch „Eizeilen" von bis zu zehn Eiern.

Entwicklung und Lebensweise

Die Überwinterung erfolgt im Eistadium. Abhängig von Witterung und Höhenlage, schlüpfen die Stammmutterlarven zwischen Ende März und Anfang Mai aus den Eiern und siedeln sich an der Rinde der vorjährigen Triebe an. Während der sechswöchigen Entwicklungszeit wandern die Tiere immer weiter in das Bauminnere und finden sich dann auf der nadellosen Rinde armdicker Äste. Im Wipfelbereich besiedeln sie vor allem den Stamm und die stammnahe Unterseite von Ästen in kleinen bis extrem großen Kolonien. Man findet die Kolonien auch am Stamm in Jungfichtenbeständen.

Die Larven der ersten Tochtergeneration bilden mit den Stammmüttern zusammen vereinzelte, aber große Kolonien. Es treten sehr viele geflügelte Tiere auf. Zwischen Ende Juni und Anfang Juli erfolgt ein Ausbreitungsflug, bei dem weitere Bäume besiedelt werden. Die folgende zweite Tochtergeneration siedelt sich ebenfalls in Kolonien an, die unter günstigen Voraussetzungen handtellergroß werden können. An der Astunterseite älterer Fichten erscheinen die Kolonien als dunklerer Abschnitt. Charakteristisch ist, dass die Kolonien im Verlauf des Tages um den Stamm bzw. Ast herumwandern, vermutlich um der direkten Sonnenbestrahlung auszuweichen. Das Lachnidenmaximum wird im Juli erreicht.

Die Trachtzeit liegt im Juli, gelegentlich auch zur Zeit des „Johannistriebes" (August). Die ungeflügelten Geschlechtstiere entstehen im September und besiedeln die dies- und die vorjährigen Triebe. Die Eiablage erfolgt im Oktober an die Nadeln, aber auch an die Rinde dieser Triebe. Durch die große Fruchtbarkeit der Stammmütter und der ersten Tochtergeneration kann sich oft völlig überraschend ein Massenbefall entwickeln und eine reiche Honigtautracht einsetzen. Da der Honigtau sehr viel Melezitose enthält, kann es zum Auftreten von nicht schleuderbarem Honig kommen.

Tageszunahmen im Juli von mehr als 2 kg können auf eine Beteiligung der Großen Schwarzen Fichtenrindenlaus an der Tracht hindeuten. Das gleiche gilt auch für einen starken Trachtflug mit bedeutenden Tageszunahmen im Anschluss an Regenfälle oder wenn die Bienen zum Sammeln tiefer in die Baumkronen hineinfliegen. (Ähnliche Beobachtungen lassen sich auch bei einem Massenauftreten der Stark Bemehlten Fichtenrindenlaus machen!)

Trachtbeobachtung und -prognose

Die Lachnidenkolonien können am Stamm und auf dicken Ästen direkt beobachtet werden. Aufgrund ihrer Größe sind die Kolonien auch aus größerem Abstand noch als dunkle Flecken erkennbar.

Auf eine Massentracht bestehen gute Aussichten, wenn auf zwei von zehn Fichten geflügelte Tochtertiere bzw. handtellergroße Kolonien gefunden werden.

Grüne Tannenhoniglaus

Die bienenwirtschaftlich wichtigste Lachnide auf der Tanne ist die Grüne Tannenhoniglaus (*Cinara pectinatae* [Nördlinger]; früher *Buchneria pectinatae*). Sie spielt in vielen mittel- und südosteuropäischen Ländern für die Imkerei eine große Rolle. In Österreich kommt es in der Flysch-Zone der nördlichen Voralpen, im Waldviertel, im Wienerwald und in Teilen Vorarlbergs häufiger zu einer ergiebigen Tracht als in den Alpengebieten, obwohl die Tanne auch dort natürlich vorkommt. Durch das Tannensterben haben sich jedoch die Bestände und damit die Aussichten auf eine Tannentracht in den vergangenen Jahren drastisch verringert und sie sind auch weiterhin im Abnehmen.

Aussehen und Saugort

Erwachsene Tiere sind etwa 3–6 mm groß, grün gefärbt und tragen auf der Rückseite drei weiße Längsstreifen. Die Augen sind rot gefärbt. Die lebend geborenen Larven sind hellgrün gefärbt. Sie sitzen gut getarnt zwischen den Tannennadeln auf ein- und mehrjährigen Trieben. Der Hinterleib ist dabei schräg nach oben gerichtet, sodass die Larve aussieht wie eine verkürzte Tannennadel. Die grünen Eier sind zirka 1,5 mm groß und werden meist auf der Nadelunterseite abgelegt.

Entwicklung und Lebensweise

Aus den im Herbst abgelegten Eiern schlüpfen zwischen März und April die Larven der Stammmütter, die sich innerhalb von 6–8 Wochen zu erwachsenen Tieren entwickeln. Im weiteren Verlauf treten dann bis zu fünf ungeschlechtliche Generationen auf. Die letzten zwei Generationen entwickeln sich zu Geschlechtstieren. Die Männchen sind geflügelt, die Weibchen ungeflügelt.

Nach der Begattung legen die Weibchen die Eier vorzugsweise auf die Nadelunterseite der dies- und vorjährigen Zweige ab. Pro Weibchen werden etwa 2–4 Wintereier abgelegt. Die Grüne Tannenhoniglaus sitzt selbst bei einem Massenbefall immer einzeln zwischen den Nadeln. Es unterbleibt die Bildung großer geschlossener Kolonien, wie sie bei vielen anderen Lachnidenarten auftreten.

Grüne Tannenhoniglaus bei der Geburt einer Tochter

Vor allem durch die Vermehrungstätigkeit der Stammmütter und der ersten Tochtergeneration zur Zeit des Austriebes steigt die Lachnidenanzahl in guten Jahren sehr stark an und erreicht etwa Ende Juli bis Anfang August das Maximum. Dieses kann bei weniger als zehn, aber auch bei über 200 Lachniden pro Quadratmeter Zweigfläche liegen. Mit einer guten Tannentracht (Tageszunahme pro Volk: 1–2 kg) ist zu rechnen, wenn die Besatzdichte 100 Lachniden pro Quadratmeter übersteigt. Die nachfolgenden Generationen sind weniger fruchtbar und die Lachnidenanzahl sinkt wieder. In erkrankten Tannenwäldern kann der Populationsrückgang bereits in der ersten Tochtergeneration erfolgen. Sehr oft beobachtet man dann, vor allem nach trockenen Sommern und an trockenen Standorten, eine Spätvermehrung im August oder September, verbunden mit einer guten Eiablage.

Trachtbeobachtung und -prognose
Der Entwicklungsverlauf kann durch die Ermittlung der Anzahl der Wintereier pro Quadratmeter Zweigfläche, aber auch durch die Messung des Lachnidenbesatzes im Mai (Stammmütter) und im Sommer beobachtet werden. Dazu werden die Eier an den Nadeln von Zweigstücken gezählt bzw. Tannenäste über einem Fangtuch abgeklopft und die Anzahl abgefallener Lachniden ermittelt. Um eine bessere Aussagekraft zu erhalten, müssen diese Messungen an einer größeren Anzahl von Zweigen und Tannen pro Standort durchgeführt werden. Weitere Anhaltspunkte kann die Anzahl der Honigtautropfen auf dem Unterwuchs liefern. Es können bei trockenem Wetter aber auch Papierblätter für 1–2 Stunden unter den Tannen ausgelegt und so die Anzahl der Honigtautropfen ermittelt werden. Die Messergebnisse können als Entscheidungshilfe dienen, welchen Standort man anwandern soll. Die Größe des Tannenbestandes und die Völkerzahl sind dabei aufeinander abzustimmen.

Neuere Untersuchungen deuten darauf hin, dass die Tannen alle zwei Jahre genug Nährstoffe für eine Massenvermehrung der Buchneria bereitstellen können. Wirklich große Ernten gibt es zirka alle sieben Jahre, sofern das Wetter mitspielt und die Tannen nicht inzwischen abgestorben sind.

Graubraune und Warzigborstige Lärchenrindenlaus
Bienenwirtschaftliche Bedeutung
Diese beiden Lachniden liefern in den klassischen Lärchentrachtgebieten Österreichs – den inneralpinen Tälern mit ihrem Fichten-Lärchen-Mischwald – einen schnell kandierenden, sehr melezitosereichen Honigtau,

der von den Bienen oft in großen Massen eingetragen wird. Der Honig sollte als Wabenhonig gewonnen und vermarktet werden. Bei guter Tracht und trockenem Wetter kandiert der Honigtau bereits an den Lärchenzweigen und bildet einen weißen Überzug ("Lärchenmanna").

Aussehen und Saugort

Die Graubraune Lärchenrindenlaus (*Cinara cuneomaculata* [Del Guercio]) ist bronzefarben, der Körper birnenförmig, der Rücken hochgewölbt, der Bauch hell bereift. Sie sitzt versteckt an der Basis der Kurztriebe bis zu fünfjähriger Zweige, ab Juli auch auf den diesjährigen Langtrieben.

Die Warzigborstige Lärchenrindenlaus (*Cinara laricis* [Walker]) ist auf der Rückenseite auffällig hell-dunkel gefleckt, die Borsten sitzen auf kleinen Höckern. Sie sitzt an der Rinde einjähriger Zweige bis armdicker Äste und geht auch auf die Stämme über.

Warzigborstige Lärchenrindenlaus

Trachtbeobachtung und -prognose

Trachtbeginn ist meist Ende Juni bis Mitte Juli. Bei gutem Wetter kann die Tracht bis in den September andauern. Durch Beobachtung der Kolonienanzahl kann eine Abschätzung der Trachtaussichten erfolgen.

Andere Honigtauerzeuger an Nadelbäumen

Neben den bisher aufgeführten Arten gibt es noch eine ganze Reihe weiterer Honigtaulieferanten an Nadelbäumen, die lokal in manchen Jahren einen größeren Beitrag zur Waldhonigernte liefern. Als wichtige Beispiele könnten die Große Braune Kiefernrindenlaus (*Cinara pinea* [Mordvilko]), die Neuberger Latschenrindenlaus (*Cinara neubergi* [Arnhart]) und die Dunkle Zirbenrindenlaus (*Cinara cembrae* [Cholodkovsky]) angeführt werden.

Honigtauerzeuger an der Eiche
Bienenwirtschaftliche Bedeutung

Die Eiche gehört unter den Laubbäumen zu den wichtigsten Honigtau liefernden Trachtpflanzen. In Österreich wird Eichenblatthonig in manchen Jahren im Wein- und Teilen des Waldviertels sowie im pannonischen Raum geerntet. Die beiden wichtigsten Honigtaulieferanten an der Eiche sind die Eichenzierlaus (*Tuberculatus annulatus* [Hartig]) und die Braunschwarze Eichenrindenlaus (*Lachnus roboris* L.). Diese Art kommt auch auf der Edelkastanie vor.

Aussehen und Saugort

Die Eichenzierlaus sitzt an der Blattunterseite und bevorzugt bereits geschädigte Eichen. Die Braunschwarze Eichenrindenlaus saugt haupt-

sächlich an den diesjährigen Zweigen. Charakteristisch für die Braunschwarze Eichenrindenlaus sind die „Eiteppiche", die von zahlreichen Geschlechtstieren gemeinsam an jüngeren Zweigen abgelegt werden und
mehrere 1.000 Eier umfassen können.

Trachtbeobachtung und -prognose
Die Tracht tritt meist im Verlauf des Juni und Juli auf und wird von den
Bienen vorzugsweise in den Morgenstunden genutzt, solange der Honigtau auf den Eichenblättern noch nicht eingetrocknet ist. Der Imker
kann die Eiablage und die Entwicklung der Rinden- und Zierläuse auf
Trieben und Blättern beobachten und die Trachtaussichten anhand der
produzierten Honigtaumenge abschätzen. Neben den genannten Arten
gibt es auf der Eiche noch eine ganze Reihe weiterer Honigtauerzeuger,
von denen die Eichenstammschildlaus (*Kermes quercus L.*) und die
Eichennapfschildlaus (*Parthenolecanium rufulum* [Cockerell]) eine gewisse
bienenwirtschaftliche Bedeutung haben können. (*P. rufulum* besiedelt
auch noch die Edelkastanie.)

Lindenzierlaus
Bienenwirtschaftliche Bedeutung
Die Lindenzierlaus (*Eucallipterus tiliae L.*) kann in manchen Jahren so
große Honigtaumengen liefern, dass der Boden unter den Linden kleb-
rig und russtaugeschwärzt wird. Von den Bienen wird der Honigtau besonders in den frühen Morgenstunden und auch bei schwülem Wetter
aufgenommen, solange er durch die hohe Luftfeuchtigkeit noch nicht
eingetrocknet ist.

Lindenzierlaus

Aussehen und Saugort
Die Lindenzierlaus ist zitronen- bis orangegelb gefärbt mit einer dunklen
Musterung auf den Flügeln. Sie sitzt auf der Blattober- und -unterseite.

Trachtbeobachtung und -prognose
Die Tracht tritt meist zwischen Ende Juni und August auf. Sie überlappt
sich zum Teil mit der Blütentracht aus der Linde und verleiht dem produzierten Honig eine dunklere Farbe. Imkerlich interessant sind vor allem
die Linden im Stadtgebiet, da sie wesentlich stärker von der Lindenzierlaus befallen werden als Linden in Waldgebieten. Die produzierte Honigtaumenge ist sehr groß und kann bei großen Bäumen bis zu 8,5 kg
Honigtau-Trockenmasse pro Jahr erreichen. Meist tritt alle zwei Jahre
ein besonders starker Zierlausbefall auf.

Ahornborstenläuse

Bienenwirtschaftliche Bedeutung

Die Ahornborstenläuse spielen für eine Honigtautracht nur im Voralpenbereich und in Berglagen eine Rolle. Die wichtigste Honigtau liefernde Art dieser Regionen ist die Bergahornborstenlaus (*Periphyllus acericola WALKER*). In der Ebene oder in Stadtgebieten wird der von einigen anderen Arten oft sehr reichlich produzierte Honigtau von den Bienen nicht gesammelt.

Aussehen und Saugort

Die Stammmütter sind igelartig grob beborstet, blau-grau gefärbt, die Augen rot. Die Eier werden am Knospenansatz abgelegt.

Entwicklung und Lebensweise

Mit dem Austrieb besiedeln die Nachkommen die Blütenrispen und auch die Blattunterseiten. Im Sommer treten Ruhelarven auf, die in Gruppen auf der Blattunterseite sitzen. Im Herbst zerstreuen sich die Ruhelarven, wachsen heran und bringen die Geschlechtstiere hervor, die dann die Wintereier ablegen.

Trachtbeobachtung und -prognose

Die Honigtauproduktion fällt mit der Bergahornblüte zusammen und beginnt Anfang bis Mitte Mai. Der reichlich abgesonderte Honigtau wird von den Bienen gemeinsam mit dem Blütennektar gesammelt und eingetragen. Die Trachtaussichten lassen sich durch Beobachtung der Besatzdichte an den Blütenrispen beurteilen.

Wanderung mit Bienenvölkern

Warum wandern?

Die Verarmung der Landschaft im Zuge von Flurbereinigung und Monokultur hat dazu geführt, dass in ackerbaulich intensiv genutzten Gebieten am Heimstand für die Bienen häufig Mangelperioden auftreten. Gleichzeitig bleibt aber oft nur ein paar Kilometer weiter entfernt eine reiche Tracht (Blüte, Wald) ungenützt. In diesem Fall bietet sich eine Wanderung an – zum Wohl der Bienen und zum Nutzen des Imkers.

Bei jeder Wanderung sollte aber der mögliche Ertrag (Honig, bessere Volksentwicklung) den erforderlichen Aufwand wettmachen.Der durch die Wanderung verstärkte Bienenumsatz fördert auch die Gesundheit der Bienenvölker, speziell bei der Ausnutzung von Blütentrachten.

Probleme können mitunter bei einer lang anhaltenden Waldtracht (Tannentracht) auftreten, während der die Bienen die Brutaufzucht stark einschränken und schwarzsüchtig werden können. Um mit den Bienen wandern zu können, sind allerdings einige Vorbereitungsarbeiten durchzuführen und gesetzliche Bestimmungen bezüglich Gesundheitszustand, Meldepflichten und Aufstellungsort der Bienen einzuhalten.

Gesetzliche Bestimmungen

Wanderbestimmungen
einhalten

Die Regelungen für Bienenwanderungen unterscheiden sich von Land zu Land – in Österreich sogar von Bundesland zu Bundesland.

> Davon betroffen sind sowohl die Art des für die Bienenvölker geforderten Gesundheitsnachweises als auch verschiedene Meldepflichten, die sich z. B. aus Bienenzuchtgesetzen, Bienenseuchengesetz oder Feuerbrandverordnungen herleiten. Auch für die Art und Weise des Bienentransportes selbst gibt es entsprechende Vorschriften, ebenso bezüglich der Abstände zu Nachbarbienenständen, Anrainern und Verkehrswegen.

Da jeweils die Regelungen des Landes gelten, in das zugewandert wird, sollte sich jeder Wanderimker rechtzeitig die einschlägigen Gesetze besorgen. Über das Internet ist dies heute meist einfach zu bewerkstelligen. Gegebenenfalls ist dann noch mit den zuständigen Stellen (Veterinärbehörden, Landesregierungen, Pflanzenschutzdienststellen, Landwirtschaftskammern, Imkerverbänden, Wanderwarten, Bienenzuchtobmännern vor Ort u. a.) Kontakt aufzunehmen, um Unklarheiten zu beseitigen. Die Strafbestimmungen sehen bei Nichteinhaltung der Regeln zum Teil empfindliche Strafen und den behördlicherseits angeordneten Abtransport der Wandervölker durch Dritte – auf Kosten des Wanderimkers – vor.

Gesundheitszeugnis

Bei grenzüberschreitenden Wanderungen wird in der Regel ein Attest des zuständigen Amtstierarztes gefordert. Dieses bescheinigt, dass die Bienenvölker an keinen anzeigepflichtigen Bienenkrankheiten leiden und das Herkunftsgebiet nicht von amtlichen Sperrmaßnahmen (z. B. bei Amerikanischer Faulbrut) betroffen ist. Ein derartiges Gesundheitszeugnis besitzt nur eine zeitlich befristete Gültigkeit und muss den Formvorschriften der EU genügen. Bei Wanderungen innerhalb eines Landes bzw. zwischen den Bundesländern in Österreich sind die Regelungen des jeweiligen Landes-Bienenzuchtgesetzes einzuhalten.

Meldepflichten

Grundsätzlich ist vor einer Zuwanderung das Einverständnis des Grundeigentümers einzuholen, um Bienen aufstellen zu können. Gibt es in den Feuerbrandverordnungen der Bundesländer Wanderbeschränkungen für Bienen, besteht auch gegenüber den Pflanzenschutzstellen eine Meldepflicht. Bei einer Wanderung in Obstbaugebiete sollten auch Erkundigungen darüber eingeholt werden, ob zur Blütezeit im geplanten Wandergebiet Pflanzenschutzmaßnahmen zur Feuerbrandbekämpfung geplant sind, die unter Umständen die Honigqualität beeinträchtigen könnten.

Manche Landesverbände für Bienenzucht stellen „Wanderkarten" aus, in denen alle notwendigen Angaben vermerkt sind. Voraussetzung für die Ausstellung einer Wanderkarte sind der Nachweis einer Haftpflichtversicherung (ergibt sich automatisch durch die Mitgliedschaft bei einem Imkerverband) und die Einverständniserklärung des Grundstücksbesitzers. Die Anmeldung der Wanderung erfolgt dann mittels Wanderkarte beim zuständigen Gemeindeamt. Ist die Zuwanderung in ein Faulbrutsperrgebiet geplant, muss dies gemäß Bienenseuchengesetz dem zuständigen Amtstierarzt gemeldet werden. Die entsprechenden Fristen für die Anmeldung der Wanderung sind bundesländerweise verschieden geregelt und den jeweiligen Landesgesetzen für Bienenzucht zu entnehmen. Sofern kein abschlägiger Bescheid seitens der Gemeinde erfolgt, gilt die Wanderung als genehmigt. Unterlässt der Wanderimker diese Formalitäten, so können im schlimmsten Fall die Völker auf seine Kosten wieder entfernt werden.

Wanderkarte

Am Wanderplatz muss deutlich lesbar die Anzahl der Wandervölker und die Adresse des Imkers ersichtlich sein, damit er im Bedarfsfall (z. B. Ausbruch einer anzeigepflichtigen Krankheit im Wandergebiet) verständigt werden kann.

Es versteht sich von selbst, dass der Wanderimker die gesetzlich vorgesehenen Entfernungen zu Stand- und anderen Wanderimkern einhält. Dies schon im eigenen Interesse, da eine Völkermassierung an einem Platz sowohl aus hygienischen als auch aus ertragsmäßigen Gründen ungünstig ist.

Völkervorbereitung und Wanderung

Der Wanderimker muss bereit sein, gewisse körperliche Strapazen auf sich zu nehmen, die mit dem Transport der Bienen in den frühen Morgenoder in den Nachtstunden verbunden sind. Den Lohn für seine Mühen erhält er in Form von vitalen Völkern und vollen Honigkannen, sofern der Wettergott und die Tracht mitspielen.

Ausrüstung für Notfälle

Diese muss stets griffbereit im Auto liegen und besteht aus vollständiger Schutzbekleidung, Klebebändern bzw. Mittelwandstreifen zum Verschließen von Ritzen, Taschenlampe, Rauchmaterial, Wasser.

Anforderungen an die Beute

Sie muss stabil und fest verschließbar sein (Wandergurte oder andere Verschlusssysteme). Ausreichende Lüftungsmöglichkeiten müssen unbedingt vorhanden sein (Flugloch-, Boden- oder Deckellüftung), um ein Verbrausen der Völker während der Fahrt zuverlässig zu verhindern.

Transport der Bienen

Der Transport erfolgt zweckmäßigerweise zu zweit, will man eine Überlastung seiner Bandscheiben vermeiden. Zusätzlich ist dadurch eine größere Sicherheit bei Zwischenfällen gewährleistet. Als Transportmittel ist ein Pkw genauso geeignet wie ein Pkw-Anhänger oder ein Lkw. Morgenwanderungen sind bequemer als Nachtfahrten. Die Bienen sind außerdem ruhiger und man muss die Völker nicht im Dunkeln aufstellen.

In schwülen Gewitternächten ist die Gefahr des Verbrausens besonders groß, daher hat das Abladen nach der Ankunft am Wanderplatz unverzüglich zu erfolgen. Nach der Abfahrt sollte die Fahrt bis zum Wanderplatz nicht mehr unterbrochen werden. Ist dies notwendig, sollte der Motor weiterlaufen, damit die Bienen ruhig bleiben. Gefährlich ist es, die Völker bereits am Abend aufzuladen und erst am nächsten Morgen zum Wanderplatz zu fahren. Sehr leicht führt dies zum Verbrausen der Völker.

Autokran als Wanderhilfe

> Im Falle einer Panne sind die Völker abzuladen, notdürftig aufzustellen und frei fliegen zu lassen. Die Wanderung kann dann erst am nächsten Abend fortgesetzt werden.

Der Wanderplatz

Dieser sollte unbedingt bequem und auch bei schlechtem Wetter mit dem Auto erreichbar sein. Unbefestigte Feldwege, speziell in Lössgebieten, verwandeln sich bei Regen sehr oft in Sumpflandschaften, die ein Erreichen des Wanderplatzes unmöglich machen. Falls keine natürlichen Wasserquellen in der Nähe sind, ist eine Tränke einzurichten. Die Aufstellung der Völker am Wanderplatz sollte einfach sein (Unterlagen und

Selbst fahrende Ladehilfe

Holzstaffel, zerlegbare Wanderböcke), um nicht unnötiges Material herumzuschleppen und nach dem Abwandern möglichst wenig Spuren zu hinterlassen.

Zustand der Wandervölker

Man sollte immer nur mit starken und trachtreifen Völkern wandern. Schwächlinge verursachen nur Transportarbeit und -kosten, ohne einen entsprechenden Ertrag zu bringen. Eine Ausnahme ist das Frühjahr, wo man Obst und Raps als Aufbautrachten auch mit schwächeren Völkern anwandern kann. Unbedingt erforderlich ist eine ausreichende Futterversorgung der Wandervölker. Wenn die Wanderung in höher gelegene Waldtrachtgebiete oder ins Hochgebirge zur Ausnutzung der Alpenrosenblüte führt, können sich Schlechtwettereinbrüche sonst katastrophal auswirken.

Wanderzeitpunkt

Der Wanderzeitpunkt ist von Jahr zu Jahr gewissen Schwankungen unterworfen und richtet sich nach der Vegetationsentwicklung. Bei Blütentrachten lässt sich der richtige Wanderzeitpunkt durch den Blühbeginn der Trachtpflanzen leicht festlegen. Dabei sind auch mögliche Unterschiede der Trachtergiebigkeit im Verlauf der Blühperiode in Betracht zu ziehen. Weitere Hinweise dazu finden sich im Kapitel Trachtpflanzen!

Bei der Waldtracht sind Ort und Zeitpunkt eines Massenauftretens von Honigtauerzeugern zu berücksichtigen. Dies erfordert Kenntnis der wichtigsten Honigtauerzeuger und eine intensive Waldbeobachtung

(Näheres im Kapitel Waldtracht). Steht ein Waagstock zur Verfügung, kann die Wanderung in den Wald gewagt werden, sobald die Tageszunahmen 0,5 Kilogramm betragen.

Sind die angewanderten Kulturen möglicherweise das Ziel von Pflanzenschutzmaßnahmen, ist auch darauf Rücksicht zu nehmen, um Bienenschäden zu vermeiden.

Einschränkung der Wanderung in Feuerbrand-Befallsgebieten

Durch die Ausbreitung der gefährlichen Bakterienkrankheit Feuerbrand – sie betrifft zahlreiche Pflanzen aus der Familie der Rosengewächse (z. B. Apfel, Birne, Quitte, Weiß-, Feuer-, Rotdorn, diverse andere Zier- und Wildpflanzen) – wird auch die Imkerei eingeschränkt. Es gibt in Österreich in manchen Bundesländern eigene „Feuerbrand-Verordnungen", die das Verbringen von Bienenvölkern in und aus Feuerbrand-Befallsgebieten regeln. Zu bestimmten Zeiten müssen Bienenvölker vor einer Wanderung in Quarantäne. Da bei Verstößen gegen die entsprechenden Gesetzesbestimmungen mit Strafen und – im schlimmsten Fall – auch mit Schadenersatzforderungen zu rechnen ist, sollte vor jeder Bienenwanderung Kontakt mit den zuständigen Stellen aufgenommen werden.

Bienenprodukte und ihre Vermarktung

Honig

Im Sinne der Honigverordnung ist Honig der natursüße Stoff, der von Bienen der Art *Apis mellifera* erzeugt wird, indem sie Nektar von Pflanzen, Absonderungen lebender Pflanzenteile oder auf den lebenden Pflanzenteilen befindliche Sekrete von an Pflanzen saugenden Insekten aufnehmen, diese mit arteigenen Stoffen versetzen, umwandeln, einlagern, dehydratisieren und in den Waben des Bienenstockes speichern und reifen lassen.

Entstehung des Honigs

Grundvoraussetzung für die Entstehung von Honig ist die Assimilationsleistung der Pflanze, die aus Wasser, Kohlendioxid und Sonnenlicht mit Hilfe des Blattgrüns (Chlorophyll) Zuckerstoffe produziert und diese über ihre Leitungsbahnen (Siebröhren) im Pflanzenkörper verteilt.

Phloemsaft

Den Bienen wird der Siebröhrensaft (Phloemsaft) zugänglich über Drüsengewebe der Pflanzen (Nektarien: florale, extraflorale) und Siebröhrensauger (Blatt- und Rindenläuse), die den süßen Saft ausscheiden. Der Phloemsaft setzt sich zusammen aus Wasser, Zucker (10–30 %), Eiweiß- und Mineralstoffen, organischen Säuren, Fermenten und Vitaminen.

> Trockengewicht: 15–25 %
> Aschegehalt: 1–3 %
> pH-Wert: 7,3–8,6
> Trockensubstanz: bis 90 % Zucker (Saccharose herrscht vor)

Nektar

Als Nektar bezeichnet man den von Nektarien ausgeschiedenen zuckerhaltigen Pflanzensaft. Die Nektarabsonderung ist ein aktiver Vorgang, bei dem ein Teil der Eiweiß- und Mineralstoffe von der Pflanze zurückgehalten wird.

> Aschegehalt: 0,023–0,45 %
> pH-Wert: 2,7–6,4

Das Zuckerverhältnis Fructose : Glucose : Saccharose ist für die jeweilige Pflanze charakteristisch und beeinflusst auch die Kandierungsgeschwindigkeit. Viel Glucose: rasche Kandierung (z. B. Raps, Löwenzahn), viel Fructose: langsame Kandierung (z. B. Robinie).

Der Gehalt an Trockensubstanz unterliegt tageszeitlichen und herkunftsmäßigen Schwankungen (10–50 %).

Hohe Nektarmengen: meist niedriger Zuckergehalt, geringe Nektarmengen: hoher Zuckergehalt.

Honigtau

Unter Honigtau versteht man die zuckerhaltigen Ausscheidungen pflanzensaugender Insekten (Blatt-, Rinden-, Schildläuse und Zikaden). Die Herkunft des Honigtaus war lange Zeit umstritten, da man nicht wusste, ob er pflanzlichen oder tierischen Ursprungs ist. Heute ist diese Frage jedoch eindeutig zu Gunsten des tierischen Ursprungs geklärt. Honigtau ist kein „Läusekot", da er nach der Passage von Filtereinrichtungen am Mitteldarm – dem eigentlichen Verdauungstrakt – vorbeigeschleust wird. Er stellt ein Überschussprodukt dar, da die Pflanzensauger vor allem stickstoffreiche Verbindungen, die sie aus dem Phloemsaft ausfiltern, zum Aufbau der zahlreichen Nachkommen benötigen. Das überschüssige Wasser und der darin gelöste Zucker werden als Honigtau ausgeschieden. Wird der Phloemsaft über das Zwischenglied der Honigtauerzeuger erschlossen, kommt es zu einer größeren chemischen Veränderung seiner Zusammensetzung, die von der Art der saugenden Insekten abhängig ist. Speziell das Zuckerspektrum wird verändert (z. B. Melezitose).

Trockensubstanz: frisch: 5–18 %
                    später: 35–50 %
Kohlehydratanteil: 90–95 %
Stickstoffverbindungen: 0,2–1,8 %
pH-Wert: 5,1–7,9

Durch Oxidation färbt sich der ursprünglich wasserhelle Honigtau bräunlich und gibt auch dem Honig die dunkle Farbe. Zusätzlich können Sporen von Russtaupilzen dazu beitragen.

Honigbereitung durch die Bienen

Nektar oder Honigtau wird von den Trachtbienen mit Hilfe des Bienenrüssels aufgesaugt, dann in der Honigblase gespeichert und in den Stock transportiert. Hier wird der Inhalt der Honigblase an Stockbienen weitergegeben und mit Speichel vermischt. Nun erfolgt die Weitergabe des Tröpfchens von Biene zu Biene, wobei jede wiederum ein wenig Speichel beimengt. Dadurch erfolgt eine Anreicherung mit körpereigenen Enzymen, die dann vor allem eine Veränderung des Zuckerspektrums bewirken. Die Reduktion des Wassergehalts erfolgt in zwei Phasen:

Zuerst aktiv durch die Biene, indem sie den Inhalt der Honigblase hervorpumpt, ihn an der Rückseite des Rüssels zu einem flachen Tropfen ausfließen lässt und ihn danach wieder einsaugt. Dieser Vorgang geschieht in rascher Folge und dauert zwischen 15 und 20 Minuten. Jetzt ist der Honig halb reif und hat einen ungefähren Wassergehalt von 50 %.

Nun folgt die zweite, passive Phase. Das Honigtröpfchen wird jetzt in dünner Schicht in einer Wabenzelle eingelagert und es folgt die passive Verdunstung durch den Ventilationsstrom im Stock. Es kommt dadurch zu einer Senkung des Wassergehaltes auf weniger als 20 %. Die Dauer dieses Prozesses ist von mehreren Faktoren abhängig (ursprünglicher Wassergehalt, Füllungsgrad der Zellen, Volksstärke, Größe der Ventilationsöffnungen, Temperatur, relative Luftfeuchtigkeit). Meist dauert er aber 1–3 Tage. Jetzt erst werden die Zellen vollgefüllt und mit einem luftdichten Wachsdeckel verschlossen. Dieser gewährleistet Schutz vor nachträglicher Wasseraufnahme bei hoher Luftfeuchtigkeit. Während des Reifungsprozesses gehen noch sehr viele chemische Veränderungen vor sich, die vor allem auf die beigemengten Enzyme zurückzuführen sind.

Verarbeitung von Nektar und Honigtau zu reifem Honig

Der Honig ist reif zum Schleudern, wenn alle Zellen verdeckelt sind oder wenn sich der Imker durch die Spritzprobe vergewissert hat, dass der Honig bei einem Stoß in den Zellen bleibt.

Zusammensetzung des Honigs

Chemisch gesehen ist der Honig eine konzentrierte, übersättigte, wässrige Zuckerlösung von wechselnder Zusammensetzung mit zahlreichen Nebenkomponenten. Insgesamt wurden bisher über 180 verschiedene natürliche Stoffe im Honig nachgewiesen.

Zucker

Honig enthält hauptsächlich Traubenzucker (Glucose) und Fruchtzucker (Fructose), wobei es sich um Einfachzucker handelt. Der Vorteil für den Menschen besteht darin, dass diese beiden Zucker nicht mehr durch Verdauungsvorgänge aufgespalten werden müssen, sondern sofort ins Blut übergehen können. Sie stehen also als Energielieferanten sofort zur Verfügung. Außerdem sind auch noch verschiedene Mehrfachzucker wie Saccharose, Melezitose, Ribose, Maltose, Mannose u. a. im Honig enthalten.

Andere Kohlehydrate

Hierbei handelt es sich hauptsächlich um Stärke und verschiedene Oligosaccharide.

Wasser

Der Wassergehalt sollte auf keinen Fall höher als 20 % sein, da es ansonsten zu einer Gärung kommen würde. Er beeinflusst ganz entscheidend die Konsistenz, den Geschmack und die Lagerfähigkeit. Qualitätshonig darf nicht mehr als 17 % Wasser enthalten. Die Gründe für einen zu hohen Wassergehalt können mannigfaltig sein, z. B. zu frühe Schleuderung, unsachgemäße Lagerung, undichte Behälter oder zu hohe Luftfeuchtigkeit. Hier wäre auch noch zu erwähnen, dass Blütenhonig meist einen etwas höheren Wassergehalt aufweist als Waldhonig.

Stickstoffverbindungen

Enzyme

Enzyme sind Eiweißverbindungen und so genannte Biokatalysatoren. Das heißt, mit ihrer Hilfe finden chemische Prozesse statt, wobei das Enzym nach Ablauf der Reaktion wieder zur Verfügung steht. Das Enzym selbst wird also weder verändert noch verbraucht. Es genügen daher sehr kleine Mengen, um eine große Wirkung zu erzielen. Da sie jedoch aus Eiweißstoffen aufgebaut sind, sind sie meist auch sehr hitzeempfindlich. Im Honig finden wir die Invertase (Saccharase), die Diastase (Amylase), die Glucoseoxidase u. a.

Die Invertase ist in der Lage, Saccharose in Glucose (Traubenzucker) und Fructose (Fruchtzucker) zu spalten. Sie ist sehr wärmeempfindlich, sodass der Honig bei Temperaturen unter 15° C gelagert werden sollte. Bei Lagerung des Honigs bei Zimmertemperatur kommt es zu einem Wirkungsverlust von bis zu 25 % pro Jahr. Erwärmt man ihn auf 70° C, so führt dies innerhalb weniger Minuten zu einer völligen Inaktivierung des Enzyms.

Die Diastase ist ein Stärke spaltendes Enzym, das im Kopfdrüsensekret der Bienen enthalten ist und von ihnen für die Aufbereitung des Pollens benötigt wird. Sie ist nicht ganz so hitzeempfindlich wie die Invertase, bei Erwärmung des Honigs auf über 60° C tritt jedoch ebenfalls innerhalb weniger Stunden völlige Inaktivierung ein.

Die Glucoseoxidase bewirkt die Bildung von Wasserstoffperoxid. Dieser Stoff gehört zur Gruppe der „Inhibine", das heißt er hat keimhemmende und keimtötende Wirkung auf bestimmte Bakterien. Dieses Enzym ist vor allem sehr lichtempfindlich, daher sollte immer auf eine lichtgeschützte Lagerung des Honigs geachtet werden.

Honigenzyme sind hitzeempfindlich!

Aminosäuren

Jede Honigart hat ein eigenes, spezielles Aminosäurespektrum. Es gibt jedoch auch Aminosäuren, die in jedem Honig vorkommen, wie z. B. Glycin, Alanin, Prolin, Phenylalanin, Glutamin, Asparagin und Histidin. Bei den Aminosäuren handelt es sich ebenfalls um zum Teil sehr kompliziert aufgebaute Verbindungen, die für den menschlichen Körper von größter Wichtigkeit sind.

Mineralstoffe

Sie sind in jedem Honig vorhanden, ihr Anteil ist im Blütenhonig jedoch wesentlich geringer als im Waldhonig. An Mineralien finden sich Kalium, Natrium, Magnesium, Kalzium, ebenso kleine Mengen an Eisen, Mangan, Kupfer und Phosphor, Schwefel und Chlor.

Aromastoffe

Es gibt sehr viele verschiedene Aromastoffe im Honig, da jeder Nektar spezielle Aromastoffe enthält. Diese konnten zum Großteil durch die Entwicklung der Gaschromatografie identifiziert werden.

Der Geruch des Honigs wird durch Alkohole, Ketone, Säuren und deren Ester erzeugt.

Die Aromastoffe können auch zu einer botanischen Herkunftsbestimmung herangezogen werden. Bei der Lagerung von Honig sollte auf gut verschlossene Gefäße geachtet werden, da sich das Aroma des Honigs sonst sehr leicht verändert. Gerüche jeglicher Art werden leicht aufgenommen. Typisches Zeichen für einen überhitzten Honig ist der Karamelgeruch.

Vitamine

Diese sind im Honig nur in Spuren vorhanden (vor allem Vitamin C, daneben noch sehr kleine Mengen von Vitamin K, B_1, B_2 und Nicotinamid).

Säuren

Im Honig konnten die verschiedensten organischen Säuren gefunden werden, wie Ameisen-, Essig-, Butter-, Bernstein-, Malon-, Malein-, Glucon-, Propion-, Zitronen-, Milch-, Oxalsäure u. a.

Andere Wirkstoffe

Acetylcholin und Cholin haben wichtige Funktionen im menschlichen Körper. Sie wirken als so genannte Neurotransmitter, d. h. sie sind chemische Überträgerstoffe von Nervenimpulsen in den Schaltzentralen des Nervensystems.

Feste Honigbestandteile

Pollen

Dieser gelangt meist mit dem Nektar über das eingestäubte Haarkleid der Biene in den Honig. Außerdem bleiben z. B. oft Pollen von Windblütern am Honigtau kleben oder gelangen durch den Ventilationsstrom in den Stock. Selbstverständlich findet man auch den blüteneigenen Pollen der von Bienen beflogenen Pflanzen im Honig. Dadurch ist Blütenhonig wesentlich pollenreicher als Waldhonig. Durch das Pollenbild lässt sich auch die geografische Herkunft des Honigs feststellen.

Honig trägt sein Ursprungszeugnis in sich

Pilzsporen und andere Pilzelemente

Sie kommen vor allem im Honigtau vor. Hierbei handelt es sich um Hyphen (= Pilzfäden) und Sporen von Pilzarten, die sich in hohen Zuckerkonzentrationen noch vermehren können. Einer davon ist der Russtaupilz, der die Pflanzen mit einem schwarzen Belag überzieht. Er gilt daher als Honigtauzeiger.

Honigtauelemente

Algen

Sie stammen zum Teil aus dem Honigtau (Rindenalgen). Es kommen aber auch Kieselalgen, Blaualgen und Fadenalgen im Honig vor, die von den Bienen beim Wasser holen in Tümpeln und Teichen mitgebracht werden.

Hefen

Eine gewisse Anzahl von Hefen ist typisch für den Honig, wie z. B. Kreuz- oder Nektarhefen beim Blütenhonig. Hefen vertragen große Zuckerkonzentrationen und bei einem Wassergehalt von mehr als 20 % herrschen ideale Bedingungen für ihre Vermehrung. Dies führt dann zur Gärung des

Honigs. Findet man andere Hefen im Honig, wie z. B. Bäckerhefen, so gelangen diese meist durch unsauberes Arbeiten in den Honig (schlecht gereinigte Schleuder, unreine Lagerungsgefäße etc.). Sind sie jedoch schon in den Waben vorhanden, so lässt dies auf Rückstände einer Hefeteigfütterung schließen.

Russ- und Staubpartikelchen
Diese gelangen aus der Umwelt bzw. dem Rauch des Smokers in den Nektar und Honigtau und werden von den Bienen mit eingetragen.

Kristallisation des Honigs
Fälschlicherweise wird oft angenommen, dass das Kandieren des Honigs auf eine Verfälschung mit Rübenzucker (zu hoher Saccharosegehalt) zurückzuführen ist.

> Tatsächlich hängt das Kandieren vom Verhältnis des Fruchtzuckers zum Traubenzucker ab. Je mehr Traubenzucker im Honig vorhanden ist, desto schneller geht das Festwerden des Honigs vor sich.

Aus diesem Grund kristallisiert Waldhonig wesentlich langsamer als Blütenhonig. Sollte der Honig unregelmäßig kandieren, so lässt dies auf eine Hitzeschädigung schließen. Meist setzt sich der flüssige Fruchtzuckeranteil an der Oberfläche ab. Bei einer Gärung kommt es ebenfalls zu einer Verflüssigung an der Oberfläche. Kandierter Honig lässt sich wieder verflüssigen, wenn man ihn schonend bei einer Temperatur bis maximal 40° C erwärmt (Wasserbad, Auftauschrank, Honigtauchwärmer). Höhere Temperaturen würden eine Schädigung der hitzeempfindlichen Honigfermente bewirken.

Honiglagergefäße aus Edelstahl

Lagerung des Honigs

- Um eine möglichst schonende Lagerung des Honigs zu gewährleisten, sind vom Imker einige Dinge zu berücksichtigen:
- Die Lagertemperatur sollte 15° C nicht überschreiten.
- Die Lagergefäße müssen luftdicht verschlossen sein.
- Der Lagerraum sollte möglichst dunkel sein.
- Die Luftfeuchtigkeit des Lagerraumes sollte nicht über 60 % liegen.
- Bei den Lagergefäßen muss auf Lebensmitteltauglichkeit (rostfrei, geruchsfrei, sauber und säurebeständig) geachtet werden.

Am günstigsten wäre eine Tiefkühllagerung, weil dadurch jede Veränderung im Honig unmöglich gemacht wird. Bei solch tiefen Temperaturen laufen keine chemischen Prozesse mehr ab und der Honig kandiert dadurch auch nicht. Der Honig wird beim Einfrieren auch nicht ganz fest, sondern nur sehr zähflüssig. Da sich der Honig dabei nicht ausdehnt, kann er auch in Gläsern eingefroren werden.

Honig lässt sich einfrieren

Qualitätskriterien des Honigs

Um die Echtheit und Reinheit des Honigs überprüfen zu können, werden heute zehn Punkte herangezogen, die hier kurz erklärt werden sollen.

Wassergehalt

Was den Wassergehalt betrifft, sollte dieser 20 % nicht überschreiten. Für wirklichen Qualitätshonig wird heute jedoch ein Wassergehalt von unter 17 % vorausgesetzt. Blütenhonig hat auch meist einen etwas höheren Wassergehalt als Waldhonig.

Elektrische Leitfähigkeit

Die elektrische Leitfähigkeit beruht auf dem Vorhandensein von Mineralstoffen im Honig. Sie gibt Aufschluss über die Art des Honigs. Gemessen wird sie in Millisiemens (mS/cm). Von Blütenhonig spricht man bei einer Leitfähigkeit von unter 0,6 mS/cm. Bei 0,6–0,8 mS/cm handelt es sich um einen Waldblütenhonig. Ab 0,8 mS/cm spricht man von Waldhonig.

Ein spezieller Fall ist der Kastanienhonig, der eine sehr hohe Leitfähigkeit aufweist (meist über 1,2 mS/cm).

Der HMF-Wert

Dieser Wert gibt Aufschluss über eine eventuelle Hitzeschädigung. HMF (Hydroxymethylfurfural) ist ein Zwischenprodukt, das entsteht, wenn von einem Fruchtzuckermolekül Wasser abgespalten wird. Gemessen wird der HMF-Gehalt in ppm (parts per million) = mg/kg.

Laut Honigverordnung ist ein HMF-Wert bis zu 40 ppm für Honige nicht tropischer Herkunft zulässig. Messungen haben ergeben, dass schon bei einem HMF-Gehalt von 15 ppm fast alle Enzyme zerstört sind. Frisch geschleuderter Honig weist Werte von 0–2 ppm auf, bei sachgemäßer Lagerung beträgt die jährliche Zunahme 1–2 ppm, wobei Blütenhonig etwas empfindlicher reagiert als Waldhonig.

pH-Wert

Der pH-Wert wird wiederum zur Klassifizierung der Honige herangezogen. Blütenhonige haben einen pH-Wert zwischen 3,6 und 4,5. Der pH-Wert des Waldhonigs liegt zwischen 4 und 5,4.

Diastaseaktivität

Sie gibt ebenfalls Aufschluss über etwaige Hitzeschäden. Laut Honigverordnung muss eine Diastasezahl von 8 nach Schade erreicht werden.

Invertaseaktivität

Da die Invertase das hitzempfindlichste Enzym ist, lassen sich Hitzeschäden hier am schnellsten nachweisen. Da diese Untersuchung aber im Lebensmittelcodex noch nicht verankert ist, gibt es bis jetzt noch keinen einheitlichen Richtwert. Angestrebt wird jedoch eine Invertasezahl von mindestens 10 nach Gontarsky.

Saccharosegehalt

Im Allgemeinen höchstens 5 g/100 g; für einige taxativ aufgezählte Honige (z. B. Robinien-, Luzernehonig u. a.) höchstens 10 g/100 g und für Lavendel- bzw. Borretschhonig höchstens 15 g/100 g.

Menge an Sediment

An Hand des Sediments, das durch Zentrifugieren einer Honiglösung gewonnen wird, können ebenfalls Verfälschungen nachgewiesen werden. Das Sediment gibt Aufschluss über Herkunft und Art des Honigs.

Pollenanalyse

Mit Hilfe der Pollenanalyse können vor allem Falschdeklarationen nachgewiesen werden. Das Pollenbild gibt Auskunft über die geografische und botanische Herkunft des Honigs, da jede Landschaft eine bestimmte Flora aufweist.

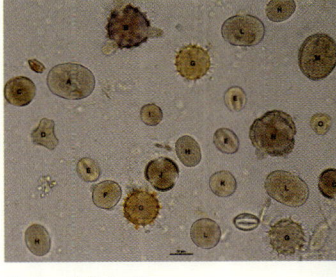

Pollenbild eines Blütenhonigs

Sensorische Prüfung

Hierbei wird der Honig auf Farbe, Aussehen, Konsistenz, Geruch und Geschmack geprüft.

In Österreich gewinnbare Honigsorten

Der Großteil des in Österreich gewonnenen Honigs stammt aus einer Vielzahl von Trachtquellen und wird daher unter der Bezeichnung Blüten- bzw. Waldhonig verkauft.

Blütenhonig

Der Rohstoff für Blütenhonig stammt aus den Nektardrüsen der Pflanzen. Er zeichnet sich durch eine niedrige elektrische Leitfähigkeit (0,2–0,4 mS/cm) aus. Der mittlere pH-Wert österreichischer Blütenhonige liegt bei 3,9. Der Ferment- und Inhibingehalt von Blütenhonigen ist in der Regel niedriger als der von Waldhonigen.

Honigtauhonig („Waldhonig")

Der Rohstoff für Honigtauhonig stammt aus Absonderungen pflanzensaugender Insekten. Er zeichnet sich durch eine hohe elektrische Leitfähigkeit (> 1,0 mS/cm) aus. Der mittlere pH-Wert österreichischer Waldhonige liegt bei 4,7. Leitfähigkeitswerte, die zwischen denen von Wald- und Blütenhonigen liegen, ergeben sich wenn die Bienen gleichzeitig sowohl Nektar als auch Honigtau sammeln können.

Charakterisierung einiger Sortenhonige

Die Gewinnung von Sortenhonig ist nicht überall möglich und erfordert auch einen höheren betriebstechnischen Aufwand. Niedrige Honigräume („Flachzargen") sind bei der Sortenhoniggewinnung vorteilhaft.

Eine Überprüfung der richtigen Deklaration ist aufgrund der Honig-Pollenanalyse (Pollen, Pilzsporen, Algenzellen u. a.) sowie verschiedener chemisch-physikalischer und sensorischer Merkmale möglich. Wird auf dem Etikett eine Sortenbezeichnung angegeben, muss auch der entsprechende Honig im Glas sein. Die Begleitflora ermöglicht selbst bei Sortenhonigen eine großräumige Zuordnung zu geografischen Regionen.

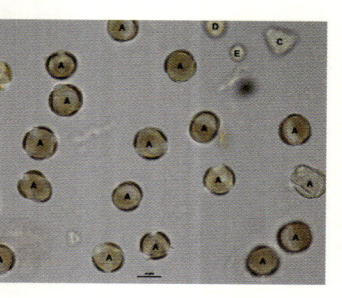

Waldhonig

> **Der Honig trägt sein Ursprungszeugnis stets bei sich!**

Die nachfolgend angegebenen Werte für Leitfähigkeit und spezifische Pollenhäufigkeit sind Mittelwerte mit Standardabweichungen (SD), die dem Apidologie-Sonderheft über Europäische Sortenhonige entnommen wurden.

Rapshonig

Sein Aufkommen steigt mit der Zunahme des Rapsanbaues stark an und bringt zum Teil Probleme bei der Vermarktung, speziell wenn er nicht cremig aufbereitet ist. Als Cremehonig wird er jedoch gerne gekauft. Hoher Glucosegehalt, rasche Kristallisation;
Farbe: fast weiß bis hellgelb
Aroma: typischer Geschmack und Geruch
Pollenanalyse: 82,8 % (SD = 11,2)
Leitfähigkeit: 0,19 ± 0,05 mS/cm

Pollenbild eines Rapshonigs

Löwenzahnhonig

Hoher Glucoseanteil, rasche Kristallisation
Farbe: intensiv goldgelb
Aroma: sehr aromatischer Honig mit typischem Geruch und Geschmack
Pollenanalyse: 17,2 % (SD = 11,7)
Leitfähigkeit: 0,51 ± 0,07 mS/cm

Lindenhonig
Natürliche Mischung aus Nektar und Honigtau der Linde
Farbe: gelblich bis zartgrün (bei höherem Honigtauanteil auch dunkler gefärbt)
Aroma: sehr aromatischer Honig mit typischem Geruch und Geschmack
Pollenanalyse: Lindenpollen unterrepräsentiert 22,9 % (SD = 16,6)
Leitfähigkeit: 0,62 ± 0,12 mS/cm.

Robinienhonig (= „Akazienhonig")
Kristallisiert sehr langsam durch hohen Fructosegehalt
Farbe: wasserhell bis blassgelb
Aroma: sehr süßer Geschmack, leicht fruchtiger Geruch
Pollenanalyse: Robinienpollen unterrepräsentiert 28,1 % (SD = 15,9)
Leitfähigkeit: 0,16 ± 0,04 mS/cm.

Blütenhonig

Edelkastanienhonig
Natürliche Mischung von Nektar und Honigtau der Edelkastanie
ganz typisch ist ein sehr kräftiges, herb-bitteres Aroma
Farbe: braun bis rotbraun, bei gleichzeitiger Honigtautracht auch dunkelbraun gefärbt
Konsistenz: bleibt lange Zeit flüssig
Pollenanalyse: Edelkastanienpollen überrepräsentiert 94,5 % (SD = 4,5)
Leitfähigkeit: 1,38 ± 0,27 mS/cm.

Tannenhonig
Honigtauhonig von der Weißtanne
hoher Fructosegehalt, bleibt lange flüssig
Farbe: tiefbraun, grünlich schimmernd
Aroma: würzig, harzig
Konsistenz: zähflüssig
mikroskopisch von anderen Waldhonigen nicht zu unterscheiden
Leitfähigkeit: über 1,0–1,6 mS/cm

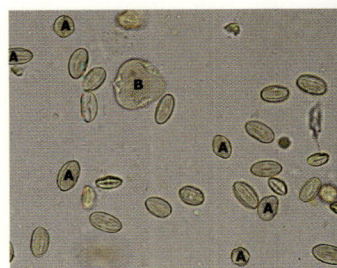

Pollenbild eines Edelkastanienhonigs

Fichtenhonig
Honigtauhonig von der Fichte
hoher Fructosegehalt, bleibt lange flüssig
Farbe: dunkel, rotbraun
Aroma: malzig-würzig
Konsistenz: zähflüssig
mikroskopisch von anderen Waldhonigen nicht zu unterscheiden
Leitfähigkeit: über 0,8–1,2 mS/cm.

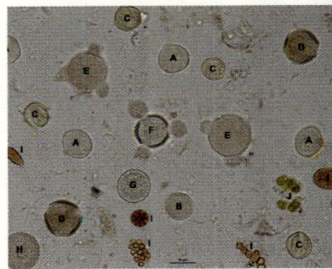

Pollenbild eines Waldhonigs

Alpenrose

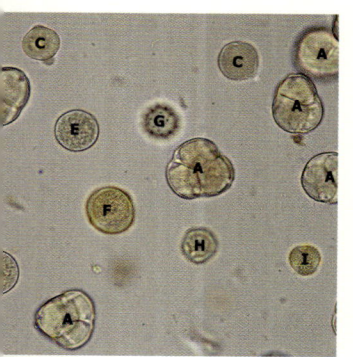

Pollenbild eines Alpenrosenhonigs

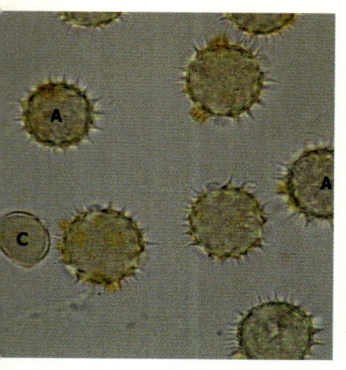

Pollenbild eines Sonnenblumenhonigs

Alpenrosenhonig

Stammt von der Alpenrose

Farbe: flüssiger Honig wasserhell bis hellgelb, kristallisiert weißlich bis hellgelb

Geschmack: sehr süß, wenig ausgeprägt

Pollenanalyse: 38,6% (SD = 19,5)

Leitfähigkeit: 0,23 ± 0,06 mS/cm

Sonnenblumenhonig

Farbe: dunkelgelb; schnell kristallisierend

Geschmack: fruchtig, speziell, wenn er gleich nach der Schleuderung cremig aufbereitet wird

Pollenanalyse: 56,7% (SD = 24,2)

Leitfähigkeit: 0,34 ± 0,08 mS/cm

Konsistenz von Qualitätshonig

Flüssig

Nur Honige, die aufgrund ihres Zuckerspektrums lange Zeit flüssig bleiben, sollte man auch in klar flüssiger Konsistenz verkaufen (Honigtauhonige, Robinie, Edelkastanie). Einfrieren ist eine gute Lösung. Die Verflüssigung des Honigs muss schonend und bei einer Temperatur bis max. 40° C erfolgen, um Honigfermente zu schonen.

Cremig

Qualitätshonig sollte keine grob-kristallisierte Struktur haben. Rasch kristallisierende Honige sollten daher nach dem Schleudern gerührt werden, um eine feine, streichfähige Konsistenz zu erreichen. Dieses fördert sowohl die Annahme durch den Konsumenten als auch den Honigabsatz, da mehr Honig gegessen wird.

Vorteile von Cremehonig

Ständig gleich bleibende Qualität; keine Erwärmung notwendig (falls er gleich nach der Ernte gerührt wird); bleibt immer streichfähig; kinderfreundlich (rinnt nicht vom Brot!); Aroma- und Geschmacksstoffe bleiben voll erhalten.

Bereitung von Cremehonig

Zwei Methoden haben sich bewährt:

a) Rühren: ab dem Zeitpunkt beginnender Kristallisation, bis eine cremige Konsistenz erreicht ist (mit Dreikantstab, Bohrmaschine, eigenen Rührgeräten);

b) Impfverfahren: Zur Entfernung aller Wachsteilchen und sonstiger Partikel (z. B. Zuckerkristalle) durchläuft der frisch geschleuderte oder verflüssigte Honig (z. B. Melitherm) zuerst ein feinmaschiges Sieb. Anschließend soll der Honig für zirka 24 Stunden abkühlen (Maximaltemperatur 20 °C). Dann wird er mit Impfhonig versetzt, das heißt, fertiger Cremehonig oder Starter wird eingerührt. Wie die Erfahrungen gezeigt haben, ist für größere Honigmengen im Verhältnis weniger Impfhonig notwendig.

flüssiger Honig	Impfhonig
100 kg	1–3 kg
300 kg	3–10 kg
1000 kg	10–15 kg

Anschließend muss jeden Tag mindestens drei Mal für je 5–15 Minuten (je nach Sorte) gerührt werden. Je nach herzustellender Cremehonigmenge stehen als Geräte einfache Rührspiralen bis aufwändige zeituhrgesteuerte Rührgeräte zu Verfügung.

Herstellung des Impfhonigs:
- Impfhonig durch häufiges Rühren einer kleinen Honigmenge in kühler Umgebung herstellen.
- anschließend mit Bohrmaschine oder Handmixer 30 Minuten rühren, bis alle Kristalle zerschlagen und auf der Zunge nicht mehr spürbar sind.

Honig-Rührstation zur Cremehonigbereitung

Ist bereits Cremehonig vorhanden, wird dieser vor der Verwendung als Impfhonig nur mehr gründlich mit der Bohrmaschine durchgerührt und braucht vorher nicht mehr erwärmt zu werden! Vom Rührgerät dürfen weder Metallspäne noch Öl in den Honig gelangen! Während des Rührvorganges möglichst keine Luft in den Honig einrühren. Da die verschiedenen Honigsorten unterschiedliche Kristallisationseigenschaften haben, variiert auch der benötigte Zeit- und Arbeitsaufwand bei der Cremehonigbereitung von Sorte zu Sorte.

Entscheidend für eine rasche und gleichmäßig cremige Konsistenz sind:
a) Raumtemperatur beim Rühren;
b feine Konsistenz des Starters;
c) Rührhäufigkeit pro Tag;
d) Rührdauer: Blütenhonige sind im Schnitt mit vier Tagen fertig; Waldblütenhonige brauchen zirka sechs Tage.

Ist der Cremehonig im Rührgefäß zu steif zum Abfüllen geworden, ist ein vorsichtiges Antauen notwendig, damit der Honig anschließend problemlos abgefüllt werden kann. Keinesfalls sollten dabei wieder Honigkristalle schmelzen, da sonst die feincremige Struktur verloren geht und es zu Entmischungen kommen kann.

Abfüllzeitpunkt

- Honig muss cremig und streichfähig bleiben;
- darf sich über Nacht nicht entmischen;
- Furchenprobe: eine in den Honig gezogene Furche schließt sich nur sehr langsam;
- zu später Abfüllzeitpunkt: Honig nicht mehr abfüllbar.

Der frisch abgefüllte Cremehonig sollte vorübergehend für etwa zwölf Stunden bei einer Temperatur von zirka 4° C gelagert werden. Damit wird der Honig schneller abgekühlt und der Bildung einer Schaumschicht vorgebeugt, da feinste Luftbläschen im Honig festgehalten werden.

Cremehonig kühl lagern

Die optimale Lagertemperatur für den abgefüllten Cremehonig liegt bei 14° C. Höhere Lagertemperaturen können zum Aufsteigen eventuell vorhandener feinster Luftbläschen und zur Bildung einer Schaumschicht an der Honigoberfläche bzw. auch zu einer Entmischung des Honigs führen. Über 25° C ist diese Gefahr der Phasentrennung bei längerer Lagerung bereits sehr hoch, daher sollte Cremehonig auch beim Konsumenten im Kühlschrank gelagert werden.

Aufmachung

Hier ist zu beachten, dass gesundheitsbezogene Angaben im Zusammenhang mit Honig nicht erlaubt sind! Gemäß Verordnung (EG) Nr. 1924/2006 über nährwert- und gesundheitsbezogene Angaben über Lebensmittel sind gesundheitsbezogene Angaben verboten, sofern sie nicht den allgemeinen und speziellen Anforderungen dieser VO entsprechen, zugelassen und in die Liste der erlaubten Angaben aufgenommen sind, die wissenschaftlich abgesichert sein müssen.

Etikett

Beim Verkauf von Qualitätshonig sollte es selbstverständlich sein, dass ein ansprechendes Etikett – mit den nach der Lebensmittelkennzeichnungsverordnung erforderlichen Angaben – angebracht wird. Da fehlerhafte Etiketten zu Beanstandungen durch die Lebensmittelkontrollbehörden führen, sollten nur die geprüften Etiketten der Imkerverbände verwendet werden. Bei eigenen Etiketten wird eine vorsorgliche Prüfung durch einen autorisierten Gutachter oder die Lebensmittelkontrollstellen auf Konformität der Etikettengestaltung mit den gesetzlichen Kennzeichnungsbestimmungen empfohlen.

Lebensmittelkennzeichnungsverordnung:

Für Honig sind folgende Angaben erforderlich:

- Sachbezeichnung (= Verkehrsbezeichnung in Deutschland)
- Name und Postanschrift des Produzenten, Abfüllers o. ä.
- Angabe des Ursprungslandes
- Nettofüllmenge in Gramm oder Kilogramm (Achtung: mindestens 4 mm Schriftgröße für die Ziffern der Gewichtsangabe bei Gebinden von 200–1.000 g.)
- Mindesthaltbarkeitsdatum („**Mindestens haltbar bis:** Angabe des **Tages**, **Monats** und **Jahres**). Alternativ dazu wäre auch die Angabe „**Mindestens haltbar bis Ende:** Angabe des **Monats** und **Jahres** mit zusätzlicher **Losangabe** („L" ...) möglich.
- Empfohlene Lagerbedingungen
- Werden dem Honig noch andere Stoffe beigemischt (z. B. Pollen, Nüsse, Propolis), sind diese nach Art und Menge sowie möglichem allergenen Potenzial detailliert auszuweisen. Da die dabei einzuhaltenden Rechtsvorschriften sehr komplex sind, wird dringend geraten, vor der Inverkehrbringung eines derartigen Produktes ein lebensmittelrechtliches Verkehrsfähigkeitsgutachten von einer dazu autorisierten Stelle einzuholen. Auch die Imkerverbände (Referenten für Honig- und Bienenprodukte) in den verschiedenen Ländern sind eine empfehlenswerte Anlaufstelle für Imker, die Fragen zu diesem Thema haben.

Honig richtig etikettieren

Honig ins Glas

Der Honigkunde hat Anspruch auf eine ordentliche Verpackung, die optisch ansprechend aussieht und ohne Probleme (Zerbrechen) zu handhaben ist. Daher gehört Honig als hochpreisiges Nahrungsmittel in ein sauberes Glas mit Twist-Off-Deckel. Der Honigverkauf in Plastikbechern sollte der Vergangenheit angehören. Wie die Honigprämierungen der vergangenen Jahre deutlich gezeigt haben, leiden Geruch und Geschmack sehr stark, wenn ungeeignete Verpackungsgefäße (Gurkengläser o. ä., Plastikdeckel) verwendet werden.

Vermarktung von Honig

> Produktion allein ist zu wenig! Als Imker muss ich das Produkt auch gewinnbringend absetzen können.

Das Sprichwort „Weniger ist oft mehr" gilt auch für die Imkerei. Es ist besser, weniger, dafür aber begehrte Honigsorten zu produzieren – sofern dies möglich ist. Gerade für direkt vermarktende Imker kann dies ein Erfolgskriterium sein. Für Erwerbsimker mit größeren Völkerzahlen und für junge Betriebe, die noch keinen der Produktion entsprechenden Kundenstock aufbauen konnten, ist der Honighandel ein wichtiger Partner, um die produzierten Mengen – sofern Qualität und Kriterien stimmen – aufzunehmen und zu vermarkten. Der direkte Vermarktungsweg über große Handelsketten ist in der Regel nur Großbetrieben und Honigabfüllern zugänglich. Unter dem Aspekt, dass die EU gesamt betrachtet ein Honigimportland ist, sollte sich die produzierte Honigmenge in jedem Fall vermarkten lassen.

Der Kunde ist König!

Trends bei der Honigvermarktung
- Honig gehört ins Glas
- Glas wird kleiner (1/2-, 1/4-kg-Gläser)
- Cremehonig ist im Vormarsch
- Biowelle rückt Honig zum Süßen in den Vordergrund
- Sortenhonige immer gefragter
- ansprechendes Etikett

Selbstvermarktung (ab Hof, Märkte)

Die Selbstvermarktung ist für den Imker sicher finanziell die interessanteste Variante. Jeder Imker sollte durch sein persönliches Angebot von Qualitätshonig ein Aushängeschild für den österreichischen Honig und dessen wichtigster Werbeträger sein. Wenn möglich sollte er das ganze Jahr über Honig anbieten können, um ein Abwandern der Kunden zu anderen Bezugsquellen zu verhindern.

Selbstvermarktung bedeutet jedoch auch einen erheblichen Zeitaufwand, auch im Sommer wenn die Bienenarbeit ihren Höhepunkt erreicht.

Geschäfte und Gastronomie

Die Belieferung von Geschäften und Gastronomiebetrieben erfordert ein gleichbleibendes Honigangebot während des ganzen Jahres in verkaufsgerechter Aufmachung. Im Geschäft unschön kristallisierter Honig ist gegebenenfalls auszutauschen.

Großhandel

Die Lieferung der gesamten oder nur der Überschussernte an den Groß-
handel bringt dem Imker deutlich weniger Einkommen als die Direkt-
vermarktung. Negativ ist auch, dass er die Kundenbetreuung und die
persönliche Werbung für den österreichischen Honig aus der Hand gibt.
Der Vorteil für den Imker liegt in einer Zeitersparnis und der Möglichkeit, auch in ungünstig gelegenen, wenig frequentierten Gebieten Honig
produzieren und verkaufen zu können, ohne viele Direktabnehmer zu
haben.

Imkerkollegen

Die Abgabe von Honig zu akzeptablen Wiederverkaufspreisen an Imkerkollegen, die zwar einen guten Absatz haben aber aus verschiedenen
Gründen nicht ausreichende Mengen produzieren können, kann für größere Imker ebenfalls interessant sein. Voraussetzung eines solchen Ge-
schäftes ist jedoch, nur Spitzenqualität zu liefern, damit der Käufer sicher
sein kann, seinen eigenen Kundenstock nicht zu vergrämen. Im Zweifelsfall Honig vor dem Kauf untersuchen lassen. Besonders interessant sind
in diesem Zusammenhang Sortenhonige, die sich geschmacklich vom normalen Angebot des Imkers unterscheiden und abgrenzen lassen.

Zukunftsperspektiven

In Zukunft wird nur mehr jener Imker seinen Honig Gewinn bringend vermarkten können, der höchste Qualität entsprechend den Kundenwün-
schen produziert und den Großteil seines Honigs auch direkt vermarkten
kann.Neue Sorten (Raps, Sonnenblume) müssen dem Kunden in entsprechender Form (Cremehonig) schmackhaft gemacht werden. Der Kon-
kurrenzdruck zwischen den Imkern – aber auch aus dem Ausland – wird
weiter steigen. Gewinnen wird der Imker, der Kundengeschmack und Vermarktung auf einen Nenner bringen kann, denn „die letzte Entscheidung
trifft der Konsument"!

Pollen

Herkunft

Der Pollen oder Blütenstaub wird in den Staubgefäßen der Blüte produziert. Er besteht aus einzelnen Pollenkörnern. Zum Zeitpunkt der Frei-
setzung hat sich jedes Pollenkorn bereits zur männlichen Fortpflan-
zungseinheit der Blütenpflanzen entwickelt. Dadurch besteht bei den
Samenpflanzen ein Pollenkorn aus drei Zellen (einer vegetativen Zelle
und zwei Spermazellen).

*Höschenpollen aus
Pollenfallen*

Beim Blütenbesuch bleiben die Pollenkörner im gefiederten Haarkleid der Biene haften. Mit Hilfe der an den Beinen ausgebildeten Pollenkämme werden sie beim „Höseln" aus dem Haarkleid ausgebürstet und in die Pollenkörbchen befördert. Um den Pollen klebriger zu machen, wird noch eine kleine Menge Nektar oder Honig beigefügt. Als so genannte „Pollenhöschen" werden sie anschließend in den Stock eingetragen und in den Zellen der Bienenwabe eingelagert. Abhängig von der beflogenen Pflanzenart ist das Gewicht einer Pollenladung sehr unterschiedlich und kann zwischen 8 und 20 Milligramm schwanken. Um eine Pollenladung von 15 Milligramm zu höseln, müssen durchschnittlich 80 Blüten besucht werden. Farbe und Form der Pollenkörner sind charakteristisch für die jeweilige Pflanzenart. Dies erlaubt auch die Nutzung der Pollenanalyse für die Herkunftsbestimmung von Honig und anderen Bienenprodukten (Blütenpollen, Gelée Royale).

Inhaltsstoffe

Pollen enthält alle Stoffe, die der menschliche Organismus zum Leben braucht. Er ist reich an solchen Stoffen, die unser Körper nicht selbst produzieren kann und daher unbedingt mit der Nahrung aufnehmen muss.

Die Zusammensetzung des Pollens hängt von seiner pflanzlichen Herkunft ab. Es lassen sich daher bei den Inhaltsstoffen nur Durchschnittswerte angeben, die nach oben und unten schwanken können.

100 g Blütenpollen enthalten:			
Wasser	4–19,4 g	Kohlehydrate	3–42 g
Eiweiß	13,8–35,8 g	Rohfaserstoffe	8–15 g
Fett	2–18 g	Mineralstoffe	2–4 g

Daneben finden sich noch Vitamine, Spurenelemente, Aroma-, Wuchs- und antibiotische Stoffe sowie hormonartig wirkende Substanzen.

Kohlehydrate bilden in den meisten Pollenarten den Hauptbestandteil der Trockenmasse. Fructose, Glucose und Saccharose sind die wichtigsten enthaltenen Zuckerarten. Daneben finden sich aber auch noch eine Reihe anderer Ein-und Mehrfachzucker sowie Stärke.

Der Fettgehalt schwankt von Pollenart zu Pollenart sehr stark. Löwenzahnpollen ist mit 14,4 % beispielsweise sehr fettreich. Pollenfette bestehen bis zu 43 % aus den drei wichtigsten mehrfach ungesättigten Fettsäuren Linol-, Linolen- und Arachidonsäure. Diese essenziellen Fettsäuren sind wichtig für den Cholesterinstoffwechsel, den Aufbau von Zellmembranen und Enzyme und können vom menschlichen Organismus nicht hergestellt werden. Ein Mangel an essenziellen Fettsäuren führt zu Wachstumsstörungen, Hautveränderungen und Störungen im Wasserhaushalt.

> Pollen enthält alle für die menschliche Ernährung wichtigen Aminosäuren in Form von Eiweißverbindungen oder in freier Form. 100 g Pollen enthalten beispielsweise ebenso viele lebensnotwendige Aminosäuren wie 500 g Rindfleisch. 30 g Pollen decken den Tagesbedarf an diesen Aminosäuren.

Blütenpollen ist reich an Vitamin B_1, B_2, B_6, Vitamin C und Vitamin E. In kleineren Mengen kommen noch weitere Vitamine vor. Zwischen normalem bzw. vakuumgetrocknetem Blütenpollen und Bienenbrot gibt es gewisse Unterschiede im Vitamingehalt. Er enthält viel Kalium, Magnesium, Eisen, Zink und Kupfer; die Schwermetallbelastung mit Cadmium und Blei ist gering.

Auf verschiedene Bakteriengruppen (Salmonella, Proteus, Coli) hat Pollen hemmende Eigenschaften. Von Bienen gesammelter Pollen hat dabei eine 6–7 Mal stärkere Wirksamkeit als handgesammelter Pollen.

Wirkstoffe
Pollen enthält die Enzyme Diastase, Invertase, Katalase, Phosphatase u. a. sowie Wuchs- und Futterverwertungsstoffe.

Gewinnung und Aufbereitung
Jedes Bienenvolk sammelt pro Jahr 10–40 kg Frischpollen, der für die Aufzucht der Brut und den bieneneigenen Stoffwechsel gebraucht wird. Interessanterweise gibt es auch bei den Bienen „gute und schlechte Futterverwerter". Das bedeutet, dass die mit einer Polleneinheit aufgezogene Anzahl an Bienen von Volk zu Volk schwankt. Während einer guten Pollentracht kann der Imker durch den Einsatz von Pollenfallen einen Teil des eingetragenen Pollens abzweigen und nach entsprechender Aufbereitung als wertvolles Produkt zur Ergänzung der menschlichen Ernährung vermarkten.

Fluglochpollenfalle

Die Pollengewinnung kann eine Imkerei wirtschaftlicher und krisenfester machen, da eine Pollenernte auch in schlechten Honigjahren möglich ist. Der Einsatz von Pollenfallen ist ab dem Beginn der Obstblüte möglich. Es ergibt sich dadurch auch ein schwarmhemmender Effekt, da das Brutnest von übermäßigen Pollenmengen entlastet wird und die Königin mehr freie Zellen zur Eiablage vorfindet. Auf den Einsatz der Pollenfallen reagieren die Bienen mit einer verstärkten Pollensammeltätigkeit, sodass kein Pollenmangel bei den Völkern zu befürchten ist. Die Honigsammelleistung kann dabei allerdings bis zu 25 % abnehmen. Zum Pollensammeln eignen sich am besten mittelstarke Völker mit viel offener Brut und junger Königin. Pro Tag können bis zu 100 Gramm Pollen, im Extremfall auch wesentlich mehr, geerntet werden. Unter den Bienenvölkern gibt es dabei fleißige und faule Pollensammelvölker.

Während einer starken Nektartracht sollte das Pollensammeln eingestellt werden, um die Bienen nicht zu stark zu behindern. Bienen mit voll gefüllter Honigblase können die Schlupflöcher in der Pollenfalle nur schwer passieren und würgen einen Teil des Nektars aus. Dadurch verklebt der Pollen in der Pollenfalle und seine Verderblichkeit steigt.

Achtung!

Rechtliche Einstufung

Nach dem österreichischen Lebensmittelgesetz werden Pollen, Gelée Royale und Propolis als „Nahrungsergänzungsmittel" eingestuft. Damit unterliegen sie der Nahrungsergänzungsmittelverordnung (NEMV) BGBl. II Nr. 88/2004. Diese legt z. B. fest, dass Nahrungsergänzungsmittel nur verpackt an den Letztverbraucher abgegeben werden dürfen, dass die Sachbezeichnung gemäß Lebensmittelkennzeichnungsverordnung 1993 (i. d. g. F.) „Nahrungsergänzungsmittel" lautet und dass die Kennzeichnung zwingend weitere Angaben hinsichtlich Namen und Kategorien von Nährstoffen, empfohlener täglicher Verzehrsmenge sowie verschiedene Warnhinweise enthalten muss.

Arten der Pollengewinnung
Bienenbrotgewinnung

Als Bienenbrot wird der in den Waben gelagerte und fermentierte Pollen bezeichnet. Frischpollen hat einen Wassergehalt von 20–35 %. Während der Lagerung in den Wabenzellen macht der Pollen einen bakteriellen Gärungsprozess durch. Dabei reduziert sich der Wassergehalt. Der Säuregehalt steigt durch die entstehende Milchsäure von zirka 0,25 auf 1,78 %. Die Keimfähigkeit des Pollens erlischt. Der im Pollen enthaltene Rohrzucker wird zu Einfachzuckern abgebaut, der Gehalt an Vitamin K steigt und es kommt zu einer Anreicherung von biologischen Wirkstoffen.

Durch diesen natürlichen Aufschließungsprozess ist das „Bienenbrot" auch besser verdaulich als Höschenpollen, der in Pollenfallen gesammelt wurde. Bei der Bienenbrotgewinnung wird der fermentierte Pollen mittels verschiedener „Pollenheber" aus den Wabenzellen entnommen.

Diese Art der Pollengewinnung ist jedoch sehr arbeits- und zeitaufwendig und nur für die Produktion kleiner Mengen geeignet. Einfacher ist die Gewinnung von Bienenbrot aus unbebrüteten Waben, die als so genannte „Pollenbretter" in Zeiten des Pollenüberschusses aus den Völkern entnommen werden.

Bienenbrot in der Wabe

Zur Gewinnung von Pollenbrettern kann in Zeiten starker Pollentracht auch ein Magazin mit Jungfernwaben unter einem Absperrgitter zwischen Bodenbrett und Brutraum eingeschoben werden. Der eingetragene Pollen wird bevorzugt hier abgelagert und das Brutnest bleibt frei. Sind die Waben gut mit Pollen gefüllt, werden sie entnommen und zur Bienenbrotgewinnung verwendet. Dabei werden, nach dem Kürzen der überstehenden Zellwände, die pollengefüllten Zellen mit einer Spachtel bis auf die Mittelwand abgetragen und unter Zuhilfenahme eines Mixers mit Honig verrührt. Nach dem Entfernen des Schaumes kann das Bienenbrot mitsamt dem Honig in Gläser abgefüllt werden.

Höschenpollengewinnung
Dies ist die übliche Art der Pollengewinnung. Dabei müssen die Bienen beim Einlaufen in den Bienenstock Abstreifvorrichtungen (sog. Pollenfallen) durchlaufen. Bei einer Maschenweite von 5 mm können die Bienen noch durchlaufen, verlieren dabei aber einen Teil der eingetragenen Pollenhöschen. Je nach Fallentyp und Trachtpflanze werden 20–30 % der Höschen abgestreift. Unter der Abstreifvorrichtung wird der Pollen in Auffangtassen gesammelt. Die Sammelleistung pro Volk und Jahr kann bei günstigen Trachtbedingungen einige Kilogramm Frischpollen betragen.

Aufbereitung und Lagerung
Pollensammeln erfordert größte Reinlichkeit. Grundvoraussetzungen für eine gute Qualität sind saubere Beuten und Unterböden. Die Waben dürfen keinen Schimmel- oder Wachsmottenbefall aufweisen. Der abgestreifte Pollen muss täglich aus der Falle entnommen werden, um Abbau- und Schimmelprozesse zu verhindern. Die Entnahme am Abend ist am günstigsten. Pollen ist stark hygroskopisch und würde über Nacht zusätzliche Feuchtigkeit anziehen. Frischpollen ist ein sehr leicht verderbliches Produkt mit einem Wassergehalt von 20–35 % und muss zur Kon-

Höschenpollen im Glas

servierung entweder bis auf einen Restwassergehalt von 5–8 % getrocknet oder tiefgekühlt werden. Die Trocknung soll bei einer Temperatur zwischen 30–40° C erfolgen und in 2–3 Tagen abgeschlossen sein. Bei höheren Temperaturen würden die wertvollen Inhaltsstoffe des Pollens zerstört. Mit stärkeren Verlusten an ätherischen Ölen ist bereits ab einer Temperatur von 30° C zu rechnen. Um während des Trocknungsvorganges eine Verunreinigung mit Staub, Bakterien und Pilzsporen zu verhindern, sollte ein Luft- und Bakterienfilter in den zuführenden Luftstrom des Trockenschrankes eingebaut werden. Lichtempfindliche Inhaltsstoffe des Pollens (Provitamin A, Vitamine der B-Gruppe) werden durch eine Trocknung mit Sonnenlicht bzw. Infrarotlicht teilweise zerstört. Nach dem Trocknen ist der Pollen von allen Verunreinigungen zu reinigen. Für größere Mengen bietet der Handel zweckmäßige Reinigungs- und Trocknungsgeräte an. Die Eier einiger Vorratsschädlinge überstehen den Trocknungsvorgang und können den gelagerten Pollen verderben. Vor der Lagerung ist es daher zweckmäßig, den getrockneten Pollen für ein oder zwei Tage tiefzukühlen, um alle Entwicklungsstadien von Vorratsschädlingen abzutöten. Anschließend sollte der Pollen kühl und trocken, gut verschlossen und dunkel gelagert werden.

Eine Konservierung mit chemischen Schädlingsbekämpfungsmitteln ist abzulehnen, da dabei mit Rückständen im Pollen zu rechnen ist. Bei längerer Aufbewahrung ist zu beachten, dass der Pollen durch den Fettanteil ranzig und damit für den menschlichen Genuss ungeeignet werden kann. Tiefgekühlter Frischpollen muss nach dem Auftauen innerhalb kürzester Zeit verbraucht werden. Verschimmelter Pollen ist für den menschlichen und tierischen Genuss durch die Bildung von zum Teil hochgiftigen Pilztoxinen ungeeignet und zu vernichten. Die Vermarktung kann in Form von Trockenpollen oder als „Pollen in Honig" erfolgen. Es sollten nur dunkle Gläser verwendet werden, da dadurch eine Zerstörung lichtempfindlicher Polleninhaltsstoffe vermieden wird.

„Pollen in Honig" wird hergestellt, indem bis zu 10 % trockener Pollen in einen cremig gerührten Honig eingerührt werden. 10 % Anteil stellen die Obergrenze bezüglich Geschmack und Konsistenz dar. Die Verwendung von Frischpollen ist nicht günstig, da das darin enthaltene Wasser den Wassergehalt des Honigs erhöht und dadurch die Gefahr einer Gärung steigt.

Wirkung von Pollen

Nach Literaturberichten kann Blütenpollen aufgrund seiner Inhaltsstoffe gewisse physiologische Wirkungen auslösen. Bezüglich des grundsätzlichen Verbotes gesundheitsbezogener Angaben siehe den Hinweis im Kapitel Aufmachung auf Seite 127.

Als Richtwert für die gemäß Nahrungsergänzungsmittelverordnung geforderte Angabe für die „empfohlene tägliche Verzehrsmenge" können 20 Gramm (= 2 Kaffeelöffel Trockenpollen) angesetzt werden.

> **Achtung!**
>
> **Empfindliche Personen können auf bestimmte Pollensorten allergisch reagieren!**

Propolis

Herkunft

Das Ausgangsprodukt für Kittharz oder Propolis stammt vom Knospenüberzug verschiedener Bäume (Birke, Weide, Pappel, Ulme, Erle, Kastanie, Kirsche, Kiefer u. a.) oder auch von Harzaustrittsstellen an Bäumen. Bis zum Anfang dieses Jahrhunderts hielt man die Propolis noch für ein Nebenprodukt der Pollenverdauung. Die Farbe der Propolis kann von grünlich-braun bis dunkelrot variieren und ist abhängig von ihrer botanischen Herkunft.

Propolis auf Rähmchenoberleisten

Die Bienen überziehen alle Innenflächen und auch die Waben des Bienenstockes mit einem dünnen Propolisfilm. Für Bienen unpassierbare Risse und Spalten werden damit verkittet. Eingedrungene und getötete Tiere (Spitzmäuse, Totenkopfschwärmer), die von den Bienen nicht aus dem Stock entfernt werden können, werden mit einer Propolisschicht überzogen und dadurch vor Verwesung geschützt.Beim Sammeln der Propolis nagen die Bienen mit den Mandibeln kleine Harzstückchen von den Knospen ab, die mit den Vorder- und Mittelbeinen zu den Körbchen an den Hinterbeinen transportiert und so in den Stock eingetragen werden. Die Neigung zur Propolisverwendung ist bei den verschiedenen Bienenrassen unterschiedlich stark ausgeprägt.

> Starke Kittharzverwendung zeigen z. B. die Kaukasische und die Anatolische Biene. Unsere Carnica-Biene kittet hingegen nur schwach. Manche Bienenrassen verkitten im Sommer sogar das Flugloch bis auf kleine Öffnungen.

Inhaltsstoffe

Propolis ist keine einheitliche chemische Substanz und nicht durch eine bestimmte Formel zu charakterisieren. Die Zusammensetzung der Pro-

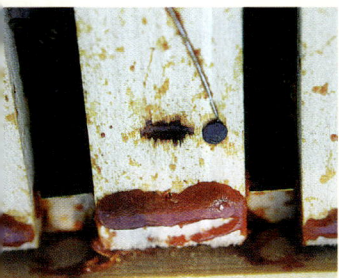

*Propolis kann unter-
schiedliche Farben haben*

polis schwankt abhängig von der botanischen Herkunft in einem gewissen Ausmaß.

Hauptbestandteile

10–70 % Harz und Balsam
15–40 % Wachs
2–10 % ätherische Öle
4–25 % unlösliche organische und anorganische Bestandteile,
davon zirka 5 % Pollen

Als Hauptwirkstoffe wurden bisher verschiedene Flavonoide, Benzoesäure, Ferulasäure u. a. Stoffe bekannt. Neben den Vitaminen B, E, H und P wurden Fettsäuren, Zimtsäure, Zimtalkohol, Vanillin, Isovanillin, Chrysin, Kaffee- und Sorbinsäure, Quercetin und Spurenelemente wie Zink, Vanadium, Eisen, Kupfer sowie Polysaccharide und Enzyme nachgewiesen. Die Liste der Inhaltsstoffe ist damit aber sicher noch nicht vollständig, da ständig neue isoliert und identifiziert werden.

Gewinnung und Aufbereitung

Die Propolisernte ist vom Spätsommer bis zum Herbst am größten und kann pro Volk 30–50 g betragen. Auf manchen Standorten lassen sich auch größere Mengen ernten. Insgesamt sammelt ein Volk pro Jahr etwa 150–200 g.

Propolis sollte man nicht durch Abkratzen von Rähmchenträgerleisten, Rähmchen und Abdeckfolien gewinnen, da dieses Kittharz meist mit Fremdkörpern verunreinigt ist.

Größere Mengen nur gering verunreinigtes Propolis lassen sich mit Hilfe so genannter „Propolisgitter" gewinnen. Als Gitter können Plastik- oder Metallgitter bis zirka 2 mm Maschenweite eingesetzt werden, die auf die Rähmchenoberleisten gelegt bzw. in Form gitterbespannter Rähmchen in Fluglochnähe eingehängt werden. Zur Gewinnung der Propolis werden die Gitter tiefgekühlt und anschließend über eine Kante gezogen. Dabei springt das Kittharz ab. Es kann aber auch mit Hilfe von Pressluft aus den Gittermaschen in einen Auffangbehälter geblasen werden. Das gewonnene Kittharz wird von Fremdkörpern (Bienenteile, Holzspäne etc.) gereinigt und in verschlossenen Gefäßen locker aufbewahrt. Licht- und temperaturgeschützt ist es einige Jahre ohne größere Wirkstoffverluste lagerfähig.

Propolisgitter mit Propolis

Um einen Befall mit Vorratsschädlingen (Wachsmotten, Dörrobstmotten u. a.) zu verhindern, sollten die gefüllten und gut verschlossenen Lagergefäße für mindestens einen Tag tiefgekühlt werden. Dadurch werden alle Entwicklungsstadien der Vorratsschädlinge abgetötet und das Kittharz bleibt im Verlauf der Lagerung unversehrt.

Anwendungsform und Eigenschaften

Propolis wird in Form von Tinkturen, Salben oder als Pulver verwendet. Im Fachhandel werden aber auch Zahnpasta, Kaugummi und Honig mit Propoliszusatz angeboten. Propolis wirkt auf verschiedene Bakterien hemmend. Besonders stark ist die Hemmwirkung gegenüber grampositiven Bakterien. Eine deutliche antivirotische Wirkung zeigen die in der Propolis gefundenen Flavonoide Luteolin und Quercetin sowie die Kaffeesäure. Eine fungizide Wirkung wurde ebenfalls bereits nachgewiesen. Am Ort der Anwendung ist eine betäubende und damit schmerzlindernde Wirkung zu beobachten. Bezüglich des grundsätzlichen Verbotes gesundheitsbezogener Angaben siehe den Hinweis unter Kapitel „Aufmachung" auf Seite 122 bzw. 128.

Die Gewinnung von Kittharz sollte nur von solchen Bienenvölkern erfolgen, die keiner Varroabekämpfung mit Tierarzneimitteln (z. B. Apistan, Perizin u. a.) sowie Thymolpräparaten unterzogen wurden. Diese Stoffe reichern sich im Propolis an und können auch in den Folgeprodukten zu Rückständen führen.

Besonders empfehlenswert für die Gewinnung ist die Verwendung so genannter „Propolisgitter", die auf die Rähmchenoberleisten aufgelegt werden und vor der Durchführung notwendiger Varroabekämpfungsmaßnahmen ohne großen Aufwand entfernt werden können.

Achtung!

Empfindliche Personen können auf Propolis allergisch reagieren!

Gelée Royale

Herkunft

Gelée Royale oder Weiselfuttersaft wird in den Futtersaftdrüsen der Ammenbienen produziert und zur Fütterung der Königinnenlarven in den Weiselzellen abgelagert. Auch andere Arbeitsbienen erhalten Futtersaft von den Ammenbienen.

Inhaltsstoffe

Die wichtigsten Inhaltsstoffe von Gelée Royale			
Eiweiß/Aminosäuren	12,3 %	Mineralstoffe	0,8 %
Zucker	12,5 %	Wasser	65–70 %
Fette	6,5 %		

Daneben finden sich noch Vitamine, Fermente, antibiotische und hormonähnliche Stoffe.

Gewinnung

Zur Aufzucht der Weiselzellen werden die klassischen Methoden der Königinnenzucht angewendet. Die Larven werden am dritten Tag nach dem Umlarven entnommen und das Gelée Royale wird geerntet. Zu diesem Zeitpunkt ist die gewinnbare Menge am größten. Angeblich ist es zu diesem Zeitpunkt auch am wirksamsten. Pro Weiselzelle kann man zirka 0,3 g Futtersaft erhalten.

Gelée Royale ist licht- und temperaturempfindlich. Die Aufbewahrung sollte daher lichtgeschützt und im Kühlschrank erfolgen. Dann ist es mehrere Wochen lagerfähig. Spezialbetriebe entziehen das Wasser durch Gefriertrocknung und machen den Futtersaft dadurch für lange Zeit haltbar.

Königinnenzellen mit Gelée Royal

Anwendungsform und Eigenschaften

Hauptverbraucher ist heute die pharmazeutische Industrie zur Herstellung kosmetischer Produkte. Empfindliche Personen können auf Gelée Royale allergisch reagieren.

Wachs

Herkunft

Wachs wird in den Wachsdrüsen der Arbeitsbienen produziert und an den Wachsspiegeln ausgeschieden. Von dort wird es mit den Beinen abgenommen, zum Mund geführt, mit dem Sekret der Oberkieferdrüse vermischt und mit Hilfe der Mandibeln weich und geschmeidig geknetet. Die Wachsproduktion ist bei 13–18 Tage alten Bienen am größten. Aus der gerade herrschenden Tracht kommen weitere Stoffe (Farbstoffe, Pollen) dazu und das Wachs erhält eine charakteristische Farbe. Bei Löwenzahn- oder Sonnenblumentracht ist das produzierte Wachs gelb gefärbt, bei Zuckerfütterung, Robinien- oder Waldtracht weiß.

Zusammensetzung

Reines Bienenwachs besteht aus dem Palmitinsäureester des Myricylalkohols (Myricylpalmitat) sowie aus freier Cerotinsäure im Verhältnis von 86:14 und enthält noch zahlreiche andere feste Kohlenwasserstoffe, Aromastoffe sowie Drüsensekrete der Biene, die als Weichmacher beigefügt werden. Zwischen dem Wachs der verschiedenen Bienenrassen gibt es gewisse chemische Unterschiede. Der Schmelzpunkt liegt bei 64–65 °C. Wachs enthält auch einen beträchtlichen Anteil an Vitamin A, der aus fettlöslichen Pollenfarbstoffen stammt. Im Verlauf der Bruttätigkeit

Frisch gebautes Wabenstück

Baubienen bei der Arbeit

gelangen eine Fülle weiterer Stoffe in das Wachs, sodass sich im Altwachs wesentlich mehr Inhaltsstoffe nachweisen lassen als im frisch produzierten Jungfernwachs. Fettlösliche Stoffe aus der Varroa- und Wachsmottenbekämpfung reichern sich im Wachs an.

Gewinnung und Verarbeitung

Der Wachsertrag pro Volk ist stark von der Betriebsweise abhängig. Ständige Bauerneuerung und eine gute Tracht erhöhen den Wachsertrag. Stark bauende Völker haben meist auch den höchsten Honigertrag. Obwohl der Wachsanteil in dunklen Waben höher ist als in hellen, sinkt die Ausbeute bei der Verarbeitung, da die zahlreichen Puppenkokons das Wachs aufsaugen. Eine regelmäßige Bauerneuerung verringert auch das Gewicht der Bienenvölker bei der Wanderung! Wiegt eine einmal bebrütete Zanderwabe noch 93,5 g, so steigt das Gewicht bei 10-maliger Bebrütung bereits auf 420 g, bei 20-maliger Bebrütung sogar auf 780 g.

Wachsproduktion pro dm² Wabenfläche
- Mittelwandausbau   2,6 g
- Mittelwandausbau zur Dickwabe 6,0 g
- Baurahmenausbau   9,0 g
- Entdecklungswachs   4,3 g

Zur Wachsgewinnung werden die Waben mit Wachsschmelzern unterschiedlicher Bauart (Sonnen-, Elektro-, Dampfwachsschmelzer) eingeschmolzen und die Trester (= Larvenkokons, Pollenreste etc.) vom Rein-

*Produkte aus
Bienenwachs*

wachs getrennt. Nach mehrmaligem Umschmelzen und Klären kann es dann weiterverarbeitet werden.

Verwendung
Kosmetische Industrie und Lackindustrie, Kerzen- und Mittelwandherstellung.

Bienengift

Das Bienengift ist ein bieneneigenes Produkt und wird in der Giftdrüse gebildet. Es wird in der Giftblase gespeichert und beim Stechakt durch den Stachelapparat injiziert.

Zusammensetzung
Die wesentlichen Bestandteile sind:
- **Melittin:** Eiweißkomponente, zirka 50 % der Trockenmasse
- **Apamin:** Eiweißkomponente, zirka 3 % der Trockenmasse
- **Phospholipase A:** Enzym, 14 % der Trockenmasse
- **Hyaluronidase:** Enzym, 2 % der Trockenmasse
- **Histamin:** in Spuren vorhanden, verursacht starken Juckreiz

Junge, gerade schlüpfende Bienen haben noch kein Gift. Erst ab dem 15.–20. Lebenstag ist die Giftblase gefüllt und enthält zu diesem Zeitpunkt 0,3 mg flüssiges Gift. Dies entspricht 0,1 mg Trockengift. Die größte Giftmenge haben die mit viel Pollen aufgezogenen Bienen im Frühjahr. Ohne Pollennahrung kann kein Gift gebildet werden.

Gewinnung und Verwendung
Bei der Bienengiftgewinnung werden die Bienen durch elektrische Reizung veranlasst, in eine Unterlage zu stechen, aus der das Gift dann herausgelöst wird. Bienengift übt auf den menschlichen Organismus eine vielseitige Wirkung aus. Es beeinflusst die Membrandurchlässigkeit, die Gewebedurchblutung, erweitert die Gefäße, senkt den Blutdruck und regt die Cortisonbildung im Körper an. Eine Anwendung kommt nur unter ärztlicher Aufsicht in Frage, da Bienengift bei überempfindlichen Personen schwere allergische Wirkungen auslösen kann.

Bienenkrankheiten

Einführung

Wie alle anderen Lebewesen wird auch ein Bienenvolk von verschiedenen Krankheitserregern, Parasiten und Schädlingen bedroht. Viele sind im Normalfall mehr oder weniger harmlos, andere wiederum führen unbehandelt zu einer schweren Erkrankung oder gar zum Tod des befallenen Volkes. Für den Imker ist durchwegs jede Erkrankung der Bienenvölker mit einem Ertragsverlust verbunden.

Seuchenhygienische Vorbeugungsmaßnahmen

Der Grundsatz „Vorbeugen ist besser als Heilen" sollte bei der Aufstellung und Führung der Bienenvölker stets Beachtung finden. Dadurch werden die natürlichen Abwehrkräfte des Bienenvolkes wirksam unterstützt und der Ausbruch vieler Krankheiten – speziell Faktorenkrankheiten – verhindert. Gegenmaßnahmen des Imkers werden dadurch in vielen Fällen überflüssig.

Zu den vorbeugenden Maßnahmen gehören:

1. Der richtige Standort der Bienenvölker

Bienenvölker sollten grundsätzlich nur dort aufgestellt werden, wo eine ausreichende Versorgung mit Nektar und Pollen und damit die Erhaltung und Entwicklung der Völker während des ganzen Jahres gesichert ist. Völkermassierungen an einem Standort sind zu vermeiden. Gute Trachtverhältnisse führen zu einem starken Bienenumsatz, der sehr dazu beitragen kann, dass verschiedene Krankheitserreger unter der Schadens-

Bienenstand im Obstgarten

schwelle bleiben. Gute Aufstellungsplätze sollten sonnig und windgeschützt sein und ein bienengünstiges Kleinklima aufweisen. Mittlere Hanglagen haben sich dabei als besonders günstig erwiesen. Es lassen sich aber auch auf sonnenbeschienenen Waldlichtungen und in Stadtgebieten gute Aufstellungsplätze finden.

Zur Aufstellung ungeeignet sind Senken, in denen sich die Kaltluft sammelt. Das gleiche gilt aber auch für zugige und feuchte Standorte sowie ständig ungeschützte, der prallen Sonne ausgesetzte Flächen.

Bietet ein Standort nur zu bestimmten Zeiten einen gedeckten Tisch, kann der Imker durch eine Wanderung Trachtlücken schließen und so die Lebensgrundlage der Bienen und die Ertragssituation wesentlich verbessern. Bei Wanderungen in den Wald ist zu beachten, dass eine reine Honigtautracht eine starke Belastung für die Bienenvölker darstellt und Mangelerscheinungen („Waldtrachtkrankheit") auftreten können.

2. Die Betriebsweise

Die Betriebsweise und die Biene müssen auf die örtlichen Tracht- und Witterungsverhältnisse abgestimmt sein. Die Bienen können sich dann im Einklang mit der Natur entwickeln und die notwendigen Eingriffe des Imkers bringen die Völker nicht in unlösbare Stresssituationen.

Die Auffütterung der Bienenvölker muss zeitgerecht und in ausreichender Menge erfolgen, damit der Anschluss an die Frühtracht gewährleistet ist. Dadurch werden Notfütterungen, die im Frühjahr das Bienenvolk besonders belasten, überflüssig.

Wabe mit geschlossener Brutfläche und mehreren Brutkreisen

Junger Wabenbau

Als Richtwerte für die Winterfuttermenge können für einzargige Völker 15 kg Zucker und für zweizargige Völker 20–25 kg Futter angesehen werden. Das Futter soll zügig abgenommen und verarbeitet werden, damit es nicht sauer werden kann. Mitte September sollte die Fütterung abgeschlossen sein.

Die Königinnen sollen leistungsfähig und gesund sein und beim Nachlassen ihrer Leistungsfähigkeit ausgewechselt werden. In der Praxis hat sich ein zweijähriger Königinnenumtrieb bewährt. Besonders wertvolle Zuchtmütter wird man natürlich länger behalten. Noch besser ist der Ersatz der Altvölker durch neu aufgebaute Jungvölker, sodass sich ein regelmäßiger „Völkerumtrieb" ergibt. Da sich auf alten Waben zahlreiche Dauerstadien von Krankheitserregern finden, sollte man die alten Waben ausscheiden und den Jungvölkern Mittelwände zum Ausbau geben. Auf diese Art lässt sich der Jungvolkaufbau gleich mit einer Bauerneuerung kombinieren. Steht keine natürliche Wasserquelle zur Verfügung, ist für eine hygienisch einwandfreie Tränke zu sorgen. Vor allem ist darauf zu achten, dass sie nicht durch Bienenkot verschmutzt werden kann.

3. „Augen auf!"

Der Imker muss aufgrund seiner Ausbildung in der Lage sein, die wichtigsten Bienenkrankheiten und Entwicklungsstörungen der Völker bereits am Stand bei der routinemäßigen Völkerdurchsicht zu erkennen. Er muss entscheiden können, ob er selbst Gegenmaßnahmen ergreifen kann oder ob fachkundige Hilfe (z. B. bei Faulbrutbefall) in Anspruch zu nehmen ist.

Kranke und schwache Völker sind aufzulösen und durch gesunde Jungvölker zu ersetzen. Dies setzt aber voraus, dass der Imker durch gezielte Jungvolkbildung stets einen Überschuss an Völkern besitzt und nicht jedem aufgelösten Volk nachtrauern oder ständig um den Bestand seiner Imkerei zittern muss.

Lückenhaftes Brutnest mit Verdacht auf Amerikanische Faulbrut

In Anlehnung an die Natur muss er daher verstärkt Auslese betreiben.

Beuten und Imkereigeräte sollten regelmäßig gereinigt und desinfiziert werden. Ganz besonders gilt dies für die Beuten aufgelöster Völker. Zur Entkeimung werden Geräte, Beuten und Rähmchen mit dreiprozentiger heißer Sodalauge ausgekocht oder abgeschrubbt und anschließend reichlich mit klarem Wasser gespült. Hitzebeständige Teile (Beuten, Metallabsperrgitter etc.) können auch mit der Lötlampe abgeflammt werden. Eine gründliche Desinfektionswirkung ist erreicht, wenn sich das Holz bräunlich verfärbt. Hitzeempfindliche Kunststoffteile sind durch Einlegen in geeignete Desinfektionslösungen zu entkeimen, wobei deren Gebrauchsanleitung sorgfältig zu beachten ist. Der Wabenbau ist regelmäßig durch die Gabe von Mittelwänden zu erneuern. Viele Krankheitserreger bilden Dauerstadien, die auf dem Wabenbau haften und so über Jahre von einem Volk zum anderen weitergegeben werden können.

Gesunde Brut – geschlossenes Brutnest

Faustregel!

Jedes Jahr 1/3 des Wabenbaues frisch ausbauen lassen. Durch den größeren Zelldurchmesser auf jungem Wabenbau werden auch die entstehenden Bienen größer und damit leistungsfähiger.

Jegliche Fütterung im Freien ist zu unterlassen, da sie zum Ausbruch von Räuberei und zu einem starken Bienenverflug führen kann. Dadurch kann es zur unkontrollierten Ausbreitung von Krankheitserregern (Faulbrut u. a.) am Stand, aber auch zwischen benachbarten Bienenständen kommen. Speziell die Unsitte, Honig- oder Melezitosewaben vor dem Bienenstand ausschlecken zu lassen, führt zu Aufregung am Bienenstand und lockt viele fremde Bienen an. Waben und leere Beuten sind stets bienensicher und verschlossen aufzubewahren.

Varroose

(Parasitenerkrankung, hervorgerufen durch die Milbe **Varroa destructor**)

Geschichtliches

OUDEMANNS beschrieb 1904 erstmals die parasitische Milbe *Varroa jacobsoni* aus Völkern der Indischen Honigbiene (*Apis cerana*) von der Insel Java. Wie neuere genetische Untersuchungen zeigten, besteht die bisher als *V. jacobsoni* bezeichnete Art aus 18 genetisch verschiedenen Typen, die in zwei Hauptgruppen zerfallen:

a) die bisher als **V. jacobsoni** beschriebene Art der malayisch-indonesischen Region;

b) die Varroamilben des asiatischen Festlandes, die den neuen Artnamen **Varroa destructor** erhielten. Innerhalb dieser Art unterscheidet man bisher zwei Subtypen: den **Korea-Typ** (schädigt besonders stark die Westliche Honigbiene) und den **Japan/Thailand-Typ**. In Europa wurde bisher nur der Korea Typ (auch als „russischer", „R", „GER"-Typ bezeichnet) nachgewiesen.

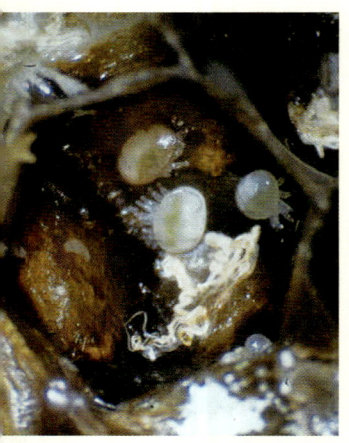

Entwicklungsstadien der Varroamilbe in einer Brutzelle

Im Zuge großräumiger Bienentransporte gelang es der Varroa vermutlich zwischen 1940 und 1950, den Wirt zu wechseln und die nach Asien importierte Europäische Honigbiene, **Apis mellifera**, zu befallen. Im Gegensatz zur Indischen Honigbiene besitzt die Europäische Honigbiene bisher keine wirksamen Abwehrmechanismen, die eine dauerhafte Koexistenz mit dem Parasiten erlauben würden.

In Österreich wurde die Varroa erstmals 1983 gefunden. Die Erstinfektion dürfte aber bereits in den Jahren 1980/1981 erfolgt sein. Da in den Nachbarländern (Deutschland, Tschechien, Slowakei, Ungarn, Slowenien) erste Funde bereits einige Jahre früher gemacht wurden, dürfte sie von dort nach Österreich gelangt sein.

Aussehen der Varroamilbe

Erwachsene Milbenweibchen sind queroval, flach, von rotbrauner Farbe und etwa 1,1 x 1,6 mm groß. Die Körperoberfläche ist hart und borstenbesetzt. An den Beinen befinden sich spezielle Haftborsten, mit denen sich die Milbe fest an der Biene verankern kann. Die Männchen sind zirka 0,8 mm groß, fast weiß und rundlich und nur auf der Bienenbrut oder den Jungbienen in der gedeckten Zelle anzutreffen.

Lebensweise

Die Varroamilbe lebt parasitisch an den Bienen und der Bienenbrut. Zur Nahrungsaufnahme durchstechen die Milben die Bienenhaut an den dünnen Zwischengelenkshäuten und saugen das Bienenblut auf. In der gedeckelten Brutzelle saugen sowohl die erwachsenen Milben als auch ihre Nachkommen an der Bienenbrut. Die Fortpflanzung findet in den gedeckelten Brutzellen statt. Kurz vor dem Verdeckeln schlüpfen die fortpflanzungswilligen Varroaweibchen in die Brutzellen, lassen sich eindeckeln und beginnen an der Bienenmade zu saugen. Die komplette Milbenentwicklung von der Eiablage bis zur Begattung vollzieht sich in der geschlossenen Brutzelle.

Aus dem ersten Ei entsteht nach neuesten Untersuchungen ein Männchen, aus allen weiteren Eiern entstehen Weibchen. Die Entwicklung der Milbenweibchen dauert im Durchschnitt 6,2 Tage, die der Milbenmännchen 6,9 Tage. Die Begattung erfolgt noch in der gedeckelten Brutzelle. Die Männchen sterben meist bis zum Schlupftermin der Jungbiene ab. In Arbeiterinnenbrut kann jedes Varroaweibchen pro Fortpflanzungszyklus neben einem Männchen noch bis zu 3 erwachsene Töchter erzeugen.

In Drohnenzellen liegt dieser Wert durch die längere Verdeckelungsdauer noch höher. Ein Teil der Milben kann auch mehrere Fortpflanzungszyklen durchlaufen. Drohnenbrut wird bevorzugt und zirka achtmal stärker befallen als Arbeiterinnenbrut. Es können jedoch auch Weiselzellen befallen werden. Ein gewisser Befall von Arbeiterinnenzellen ist in jedem Fall auch bei vorhandener Drohnenbrut feststellbar. Nach dem Ende der Drohnenaufzucht vermehrt sich die Varroamilbe ausschließlich in Arbeiterinnenbrut.

Nach dem Schlupf der Jungbiene wechseln die Milbenweibchen auf andere Bienen über. Junge Ammenbienen werden vor älteren Stock- und Flugbienen bevorzugt. Dort saugen sie mehrfach Bienenblut, ehe sie zur Fortpflanzung wieder in Brutzellen eindringen.

Puppe mit Varroabefall

Lebensdauer der Varroaweibchen:
Sommer: 2–3 Monate
Winter: 6–8 Monate
ohne Bienen und Brut: max. 7 Tage

Schadwirkung

Jede Biene, die als Puppe oder erwachsenes Tier von Varroamilben befallen ist, wird geschädigt. Zusätzlich steigt die Gefahr einer Virusinfektion. An der Einzelbiene sind dabei folgende Schäden zu beobachten:

- Verkürzung der Lebensdauer
- Verkrüppelung
- Unruhe
- Gewichtsreduktion
- Leistungsabfall
- Drohnen werden unfruchtbar

*Verkrüppelte Bienenpup-
pen und Varroamilben*

Für das Bienenvolk – den „Bien" – als Überorganismus ist eine gewisse Anzahl von Varroamilben tolerierbar, ohne dass Krankheitssymptome primärer oder sekundärer Art auftreten.

Ein wirtschaftlicher Schaden tritt ein, wenn zu viele Bienen geschädigt werden und das Bienenvolk in seiner gesamten Sozialstruktur gestört wird. Die Anzahl von Milben, die ein Bienenvolk schadlos erträgt, ist jedoch von zahlreichen verschiedenen, für den Imker oft schwer bestimmbaren Einflüssen abhängig.

Wird die Anzahl der erkrankten Bienen zu groß, stirbt das gesamte Bienenvolk. Die wirtschaftliche Schadensschwelle ist stark von der Jahreszeit, der Betriebsweise, den Trachtverhältnissen (Früh- oder Spättrachtgebiet) und der Virusbelastung der Bienenvölker abhängig. Im Juli liegt sie bei zirka 1 % Bienen- und 3 % Brutbefall. Dies entspricht einem Gesamtbestand von etwa 1.000 Varroamilben/Volk. Bei Spättrachtnutzung können auch diese Werte bereits zu hoch sein.

Mit einer Schädigung des Volkes im laufenden Wirtschaftsjahr ist zu rechnen, wenn der Brutbefall folgende Werte überschreitet:
Juni: 1,5 %
Juli: 3 %
August: 10 %

*Gitterboden bzw. Varroa-
windel im Beutenboden
zur Varroa-Befalls-
diagnose*

Zieht man den natürlichen Milbentotenfall als Bewertungsmaßstab heran, ist ein Volk gefährdet, wenn der Wert im Juni bzw. Juli über 5 bzw. 10 Varroamilben/Tag beträgt. Dieser Wert entspricht einem Gesamtmilbenbestand von 1.000 bis 5.000 pro Volk.

Bekämpfung
Allgemeine Empfehlungen
Die Varroabekämpfung ist in jedem Fall nur dann erfolgreich, wenn der Imker den Betriebsablauf vorausschauend plant und dabei die Varroabefallsentwicklung mitberücksichtigt. Er muss sich bewusst sein, dass die Varroapopulation (= Gesamtzahl der Milben in einem Bienenvolk) in jedem Jahr vom Frühjahr bis zum Herbst beträchtlich zunimmt. Als Faustregel kann man annehmen, dass sich die Anzahl der Varroamilben in jedem Monat verdoppelt, in dem das Bienenvolk Brut pflegt. Die starke Zunahme der Milbenanzahl kommt einerseits durch die natürliche Varroavermehrung in den Bienenvölkern und andererseits durch die Ein-

schleppung von Milben aus anderen Ständen und Bienenvölkern zustande.

Grundsatz

Versäumnisse bei der Varroabehandlung sind in keinem Fall wieder gutzumachen.

Die Gefahr von Folge- oder Sekundärinfektionen durch das Akute Bienenparalyse-Virus, Flügeldeformationsvirus, Schwarze Königinnenzellen-Virus und Chronische Bienenparalyse-Virus steigt, wenn nicht rechtzeitig Bekämpfungsmaßnahmen gegen die Varroamilbe durchgeführt werden.

Da die größte Milbenanzahl im Spätsommer erreicht wird und zu diesem Zeitpunkt auch die Volksstärke der Bienenvölker stark zurückgeht, können keine vollwertigen und langlebigen Winterbienen entstehen. Scheinbar starke Völker brechen dann innerhalb kurzer Zeit zusammen, wenn die kurzlebigen Bienen absterben.

Der Rückgang der Bienenvolksstärke im Herbst bringt es auch mit sich, dass der relative Varroabefallsgrad (= Anzahl der Varroamilben pro Biene) sprunghaft ansteigt, selbst wenn die Gesamtzahl der Varroamilben pro Volk gleich bleibt.

Daher muss eine Reduktion des Varroabefalles bereits vor der Entstehung der Winterbienen erfolgen. Im optimalen Fall setzt eine Behandlung bereits Ende Juli/Anfang August ein, unmittelbar nach dem Abschluss der letzten Honigernte. Nur dadurch ist die Aufzucht gesunder Winterbienen gesichert.

Um das Überleben der Bienenvölker bis zum nächstjährigen Trachtende zu sichern, muss die Varroa-Anzahl im Wintervolk unter 100 Milben liegen. Jeder Imker sollte im Verlauf einer Varroabekämpfung unbedingt Befallskontrollen durchführen, um einen Überblick über die Stärke des Varroabefalles von Volk zu Volk und die Veränderung gegenüber den Vorjahren zu gewinnen. Auffällige Unterschiede im Befallsgrad bei gleichbleibender Betriebsweise könnten wichtige Hinweise auf weniger anfällige und daher wertvolle Zuchtvölker sein.

Drohnenbrutentnahme

Biotechnische Bekämpfungsmöglichkeiten

Biotechnische Bekämpfungsmaßnahmen sind solche, die ohne den Einsatz von Medikamenten oder Chemikalien versuchen den Varroabefall auf ein erträgliches Niveau zu reduzieren.

Drohnenbrutentnahme

Da die Drohnenbrut etwa achtmal stärker befallen wird als gleichzeitig vorhandene Arbeiterinnenbrut, kann durch das Einhängen von Drohnenwaben und ihre Entfernung nach der Verdeckelung ein gewisser Teil der Milben aus den Völkern entfernt werden. Die bis zum Herbst erreichte Milbenzahl verringert sich bei mehrmaliger Durchführung der Drohnenbrutentnahme um bis zu 25 %. Die Drohnenbrutentnahme allein reicht jedoch unter keinen Umständen aus, eine Schädigung der Bienenvölker zu verhindern.

Bannwabenverfahren

Bei diesem Verfahren wird die Königin mit Hilfe einer Wabentasche aus Absperrgittern dreimal im Abstand von neun Tagen auf eine Wabe gesperrt. Sobald die gesamte Brut im Bienenvolk verdeckelt ist, stehen den fortpflanzungsbereiten Varroamilben nur mehr die Brutzellen auf der Bannwabe zur Verfügung. Die gedeckelten Bannwaben werden dann entnommen und mitsamt den darin befindlichen Milben vernichtet.

Die Einleitung des Bannwabenverfahrens sollte auf die örtlichen Trachtverhältnisse abgestimmt sein und zwischen Mitte Mai und Mitte Juni erfolgen. Negative Auswirkungen auf den Honigertrag sind dann nicht zu erwarten. Es sollte spätestens bis Mitte Juli abgeschlossen sein, damit noch der Aufbau eines starken Wintervolkes möglich ist.

Schematisch sieht der Ablauf so aus:
Die Königin wird im Mai/Juni auf die erste Bannwabe gesperrt und mit dieser zurück ins Brutnest gehängt. Je nach dem gewählten Zeitrhythmus (7 oder 9 Tage) kommt die Königin im 2. Arbeitsgang von der 1. auf die 2. Bannwabe. Die 1. Bannwabe bleibt bis zum nächsten Arbeitsschritt frei im Volk, damit sie verdeckelt werden kann. Im 3. Arbeitsschritt wird die Königin auf die 3. Bannwabe gesperrt. Die 2. Bannwabe kommt frei ins Volk. Die 1. und jetzt verdeckelte Bannwabe wird entnommen und vernichtet.

Wurde der 9-Tage-Rhythmus gewählt, wird im 4. Arbeitsschritt die Königin freigegeben, die 3. Bannwabe verbleibt noch im Volk, die 2. Bannwabe wird entnommen und vernichtet. Eine Woche später wird auch die jetzt verdeckelte 3. Bannwabe entnommen und vernichtet.

Wurde der 7-Tage-Rhythmus gewählt, wird eine 4. Bannwabe eingesetzt und wie beschrieben verfahren.

*Durch Varroa
abgestorbenes
Bienenvolk*

Wirkungsgrad

Durch den Entzug von 3 bzw. 4 gedeckelten Bannwaben werden mehr als 90 % der vorhandenen Varroamilben aus dem Volk entzogen, und es hat die Möglichkeit gesunde Winterbienen aufzuziehen.

Vorteile

Das Bannwabenverfahren lässt sich auch während der Tracht durchführen, ohne die Honigqualität negativ zu beeinflussen. Dadurch werden bei sehr starkem Varroabefall die Honigernte und der Weiterbestand des Volkes gesichert.

Probleme

Die Problematik beim Bannwabenverfahren liegt darin, dass es zu einem Zeitpunkt durchgeführt wird, an dem sich in den Völkern der Nachbarimker die Varroamilbe rasant vermehrt und es nach Abschluss des Verfahrens zu einer starken Reinvasion von diesen Nachbarständen kommen kann. Eine zusätzliche chemische Varroabehandlung kann bei starkem Invasionsdruck erforderlich werden.

Der Arbeitsaufwand ist gegenüber einer normalen Völkerführung etwas erhöht.

Brutunterbrechung

Dabei wird durch die Entnahme der Königin eine Brutunterbrechung mit dem Ziel herbeigeführt, die Varroavermehrung für etwa einen Monat zu bremsen. Der Effekt dieser Methode ist jedoch nur sehr gering und reicht allein nicht aus, die Bienenvölker bei starkem Varroabefall vor dem Zusammenbruch zu bewahren.

Ein ähnlicher befallsreduzierender Effekt bei Wirtschaftsvölkern wird mit der Entnahme der gesamten verdeckelten Brut nach Trachtschluss erreicht. Ob und wie die dabei entnommenen verdeckelten Brutwaben verwertet werden können, hängt vom Brutbefall ab. Ist dieser hoch, wird man die Waben einschmelzen, bei niedrigem Brutbefall kann man die Brut über Absperrgitter auf Sammelvölkern schlüpfen lassen. Nach Auslaufen der gesamten Brut können mit den vorhandenen Bienen Kehrschwärme erstellt werden, die aber unbedingt sofort gegen die Varroa behandelt werden müssen, um eine gesunde Weiterentwicklung sicherzustellen. Bei Symptomen einer Brutkrankheit scheidet diese Methode selbstverständlich aus.

Wärmebehandlung

Diese Methode beruht auf der unterschiedlichen Temperaturtoleranz von Varroamilben und Bienen bzw. Bienenbrut. Für die Durchführung sind eigene Geräte mit exakter Steuerung und Temperaturführung erforderlich, die im Handel erhältlich sind. In diese werden bienenfreie verdeckelte Brutwaben für eine bestimmte Zeit eingebracht. Während der Bienensaison wird die Wärmebehandlung mehrere Male an verdeckelten Brutwaben eines Volkes durchgeführt. Anschließend werden die Waben wieder in das Volk zurückgehängt. Eine andere Methode wäre die Verwendung zur Bildung eines Jungvolkes in Form eines „Sauglings" (siehe Seite 55).

Zur Abschätzung, ob die Wirksamkeit ausreichend war oder weitere Maßnahmen erforderlich sind, wird die Kontrolle des natürlichen Varroatotenfalles durch Einlage einer Diagnosewindel empfohlen. Dabei ist jedoch zu beachten, dass diese erst einen Monat nach dem Zuhängen wärmebehandelter Brutwaben erfolgt, wenn die gesamte Brut geschlüpft ist und tote Varroamilben ausgeräumt wurden bzw. geschädigte Varroamilben abgestorben sind.

Bei starkem Varroadruck von Nachbarständen – speziell im Spätsommer/Herbst –, kann eine zusätzliche Restentmilbung bei den wärmebehandelten Völkern erforderlich werden.

Der größte Vorteil dieser Methode ist, dass sie auch vor und während einer Trachtperiode durchgeführt werden kann, da sie keine Rückstände von chemischen Wirkstoffen im Volk hinterlässt. Gewisse Nachteile sind der mit der Entnahme und dem Zurückhängen der Brutwaben verbundene Arbeitsaufwand, die Beschaffungskosten des Gerätes und die erforderlichen Betriebsvoraussetzungen (Stromversorgung über Netz oder Notstromaggregat).

Zusammenfassende Beurteilung der biotechnischen Bekämpfungsmöglichkeiten

Allen derzeit praxisreifen biologischen Bekämpfungsverfahren ist gemeinsam, dass sie allein für die Varroabekämpfung nicht ausreichen. Ohne chemische Zusatzbehandlung hat man nur auf isolierten Ständen, die keinem Invasionsdruck aus der Nachbarschaft ausgesetzt sind, mit dem Bannwabenverfahren eine gewisse Chance mit der Varroamilbe fertig zu werden.

Biotechnische Varroabekämpfungsmethoden können medikamentöse Maßnahmen sinnvoll unterstützen, da sie auch bei Tracht durchführbar sind, wenn Medikamente noch nicht eingesetzt werden dürfen.

Medikamentöse Bekämpfungsmöglichkeiten

Allen medikamentösen Bekämpfungsmaßnahmen ist gemeinsam, dass sie nur dann einen dauerhaften Erfolg erzielen, wenn sie rechtzeitig und den Eigenschaften des jeweiligen Medikamentes entsprechend eingesetzt werden.

Medikamente töten lediglich die Varroamilben ab, vermögen aber nicht bereits geschädigte Bienen wieder gesund zu machen. Dies muss man sich immer vor Augen halten, will man die Möglichkeiten, aber auch die Grenzen der derzeit zugelassenen Medikamente richtig einschätzen.

Zusätzlich ergibt sich immer die Gefahr einer Rückstandsbildung im Honig, im Wachs und im Propolis. Mit einer Anreicherung von Medikamentenrückständen im Wachs ist vor allem bei langjährigem Einsatz fettlöslicher Wirkstoffe (z. B. Brompropylat, Coumaphos, Pyrethroide) zu rechnen. Grund dafür ist der Wachskreislauf von der Altwabe zur Mittelwand. Bei den wasserlöslichen organischen Säuren (Ameisen-, Oxal-, Milchsäure) ist dies nicht zu befürchten.

Ätherische Öle (z. B. Thymol u. a.) können sich ebenfalls im Wachs anreichern, verdampfen aber wieder daraus, sobald die Waben bzw. Mittelwände in die Bienenvölker eingehängt werden.

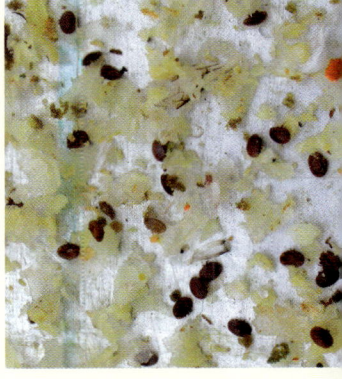

Varroamilben im Gemülle

Gesetzliche Lage

Zur Varroabekämpfung dürfen nur solche Wirkstoffe und Tierarzneimittel bzw. Präparate eingesetzt werden, die im Einsatzland für diesen Zweck legalisiert wurden. Die Voraussetzungen dafür sind – trotz Rahmenvorgaben seitens der EU – von Land zu Land unterschiedlich.

Bezüglich der zu erwartenden Wirksamkeit sollten die Imker von den Vertreibern bzw. Herstellern der Varroabekämpfungsmittel entsprechende Nachweise von Prüfungsergebnissen unabhängiger Stellen einfordern. Ebenso sollte der geplante Verwendungszweck – in diesem Fall die Reduktion des Varroabefalles – klar und deutlich sowohl auf der Verpackung als auch in der Gebrauchsanweisung angeführt sein.

Da sich in der Vergangenheit sowohl die Liste der legal einsetzbaren Varroabekämpfungsmittel als auch die gesetzlichen Rahmenbedingungen geändert haben – in Österreich müssen seit 1.1.2014 alle zur Varroabekämpfung eingesetzten Mittel eine Zulassung als Tierarzneimittel haben –, wurde in der vorliegenden Auflage des Buches auf die Nennung der Namen bestimmter Tierarzneimittel oder Präparate verzichtet. Stattdessen wurde den für einen guten Bekämpfungserfolg zu berücksichtigenden Eigenschaften der eingesetzten Wirkstoffe bzw. deren Rückstandsverhalten mehr Raum gegeben. Stark erweitert wurde auch die Darlegung der entscheidenden Punkte eines „integrierten Bekämpfungskonzeptes" (siehe Seite 157), da dieses für den imkerlichen Erfolg immer mehr an Bedeutung gewinnt. Wer auf den Einsatz naturfremder Varroazide gänzlich verzichten will, wird in einem integrierten Behandlungskonzept die mehrmalige Entnahme von Drohnenbrut mit dem – zumindest zweimaligen – Einsatz von Ameisensäure- oder Thymolpräparaten und einer Restentmilbung mit Oxal- oder Milchsäurepräparaten (sofern für Letztere eine Zulassung beantragt und erteilt wird) kombinieren. Dabei ist unbedingt darauf zu achten, dass nur legalisierte Präparate und Anwendungsarten gemäß der Gebrauchsanweisung eingesetzt werden.

> Da sich die Zulassungssituation kurzfristig ändern kann, wird dringend empfohlen, vor dem Kauf eines bestimmten Mittels zu klären, ob dessen Einsatz im jeweiligen Land erlaubt ist.

Organische Säuren und ätherische Öle

Für diese Wirkstoffe gibt es nur in wenigen EU-Ländern Präparate, die eine reguläre Zulassung als Tierarzneimittel zur Bekämpfung der Varroamilbe bzw. zur Behandlung der Varroose haben. In den meisten Fällen beruht die derzeitige Legalisierung auf anderen Regelungen (z. B. Standardzulassung in Deutschland etc.).

Seit 1.1.2014 brauchen auch die bisher in Österreich nach §11b Arzneimittelgesetz gemeldet gewesenen Präparate auf Basis organischer Säuren und ätherischer Öle eine Zulassung als Tierarzneimittel, damit sie legal zur Varroabekämpfung eingesetzt werden können.
Der aktuelle Stand der für Honigbienen zugelassenen Tierarzneimittel findet sich im Arzneispezialitätenregister des Bundesamtes für Sicherheit im Gesundheitswesen (BASG) und ist im Internet abrufbar (Suchbegriff: „Arzneispezialitätenregister", Zieltierart: „Honigbiene").

Neben diesen oben beschriebenen Gruppen werden am Markt auch Produkte angeboten, die – neben verschiedenen anderen Stoffen – auch Oxalsäure oder Thymol enthalten können. Meist werden sie mit dem Hinweis auf eine „reinigungs- oder putztriebfördernde Wirkung" vertrieben. Auch diese

Produkte sind keine Arzneimittel. Daher darf auch nicht mit einer entsprechenden Wirkung gegenüber bestimmten Erkrankungen oder Schädlingen und Parasiten geworben werden. Da es auch für derartige Präparate von Land zu Land abweichende Regelungen gibt, sollten vor einer Anwendung unbedingt bei den zuständigen Behörden Informationen eingeholt werden, ob diese im geplanten Land der Anwendung legal eingesetzt werden dürfen.

Wirkstoff Ameisensäure
Voraussetzung für den legalen Einsatz der Ameisensäure zur Varroabekämpfung ist, dass es im geplanten Land der Anwendung zugelassene Tierarzneimittel mit diesem Wirkstoff oder andere legale Möglichkeiten zu deren Anwendung gibt. Ameisensäure tötet sowohl auf den Bienen als auch in der verdeckelten Brut Varroamilben ab. Die Selektivität – und damit der Sicherheitspolster – zwischen Varroa und Bienen ist relativ schmal, daher sind bei Einsatz der Ameisensäure Bienen- und Brutschäden möglich.

Eine Langzeitbehandlung mit Ameisensäure führt zu einem stärkeren Rückgang der offenen und gedeckelten Brutfläche als eine Kurzzeitanwendung. Nach dem Ende der Behandlung normalisiert sich die Bruttätigkeit wieder. Wie mehrjährige Erfahrungen zeigten, können bestimmte Arten der Kurzzeitbehandlung mit Ameisensäure („Schockbehandlung") häufiger zu Königinnenverlusten führen als der Einsatz von erprobten Langzeitverdunstern. Bei zweimaliger Anwendung eines Langzeitverdunsters lassen sich unter optimalen Bedingungen bis zu 95 % der Varroamilben abtöten. Entscheidend für eine gute Wirksamkeit und Bienenverträglichkeit sind die Abstimmung von Beute und Verdunstertyp (Größe der Verdunstungsfläche) und die Beachtung der zum Zeitpunkt der Anwendung herrschenden Temperaturverhältnisse. Nicht jeder Verdunstertyp lässt sich in jeder Beute bzw. bei jeder Rähmchengröße gleich gut verwenden. Auch für Hinterbehandlungsbeuten liegen positive Erfahrungen mit bestimmten Verdunstern vor.

Vorteile der Ameisensäureanwendung
- wirksam gegen Milben auf Bienen und in verdeckelten Brutzellen
- Sofortwirkung, auch gegen Varroamilben mit Pyrethroidresistenz
- keine Anreicherung im Wachs
- geringe Rückstandsgefahr bei Spätsommer-/Herbstanwendung

Probleme bei der Behandlung mit Ameisensäure
- Verätzungsgefahr für den Anwender
- Wirkung kann temperatur- und beutenbedingt schwanken, daher sind Befallskontrollen, Behandlungswiederholungen und nötigenfalls eine Restentmilbung erforderlich

In jedem Fall sind die Vorgaben der Zulassungsbehörde bzw. die Gebrauchsanweisung des Herstellers bezüglich der Qualität der Ameisensäure, der einzusetzenden Konzentration und der Anwendungsbestimmungen unbedingt einzuhalten.

Bienenvolk zum Zeitpunkt der Restentmilbung

- Bienen- und Königinnenverluste bei Überdosierung sind möglich
- Brutrückgang bei Langzeitbehandlungen
- Frühjahrsanwendung führt zu deutlich erhöhten Ameisensäurewerten im Honig

Im Verlauf mehrjähriger Anwendung der Ameisensäure hat sich gezeigt, dass nach Eintritt der Brutfreiheit eine zusätzliche Restentmilbung mit einem erlaubten Mittel auf Basis von Oxal- oder Milchsäure oder einem anderen dafür geeigneten und zugelassenen Mittel erfolgen muss. Wurde auf die Restentmilbung verzichtet, kam es im Folgejahr in vielen Fällen zu Völkerverlusten vor Trachtschluss.

Wirkstoff Milchsäure

Voraussetzung für den legalen Einsatz der Milchsäure zur Varroabekämpfung ist, dass es im geplanten Land der Anwendung zugelassene Tierarzneimittel mit diesem Wirkstoff oder andere legale Möglichkeiten zu deren Anwendung gibt. In jedem Fall sind die Vorgaben der Zulassungsbehörde bzw. die Gebrauchsanweisung des Herstellers bezüglich der Qualität der Milchsäure, der einzusetzenden Konzentration und der Anwendungsbestimmungen unbedingt einzuhalten.

Anwendung

Für die Behandlung sind die bienenbesetzten Waben zu ziehen und laut Gebrauchsanweisung beidseitig mit dem Milchsäurepräparat zu besprühen. Versuche einer Behandlung in der Beute, ohne alle bienenbesetzten Waben zu ziehen bzw. mit einem Aerosolgenerator, erbrachten kein zufrieden stellendes Ergebnis. Zur Erzielung einer guten Wirkung müssen die Völker unbedingt brutfrei sein. Auch sollte während der Behandlung kein Bienenflug stattfinden, da eine direkte Benetzung der Bienen notwendig ist.

> Eine Anwendung kommt bei Wirtschaftsvölkern daher erst nach Eintritt der Brutfreiheit im Spätherbst (November, Dezember) in Frage. In brutfreien Jungvölkern (Kehrschwärmen, Ablegern) ist auch im Sommer eine Anwendung möglich, sofern daraus im selben Jahr kein Honig mehr geerntet wird.

Die auszubringende Sprühmenge richtet sich nach der Wabengröße. Für Einheits- bzw. Zandermaß werden 4–6 ml pro Wabenseite empfohlen, für größere Waben mehr. Fallen nach der Anwendung mehr als 500 Milben ab, sollte die Behandlung nach zirka vier Tagen wiederholt werden. Empfohlen wird eine Anwendungskonzentration von 15 %. Damit ist im Spätherbst/Frühwinter an brutfreien Völkern bereits bei einmaliger Anwendung eine sehr hohe Wirksamkeit – bei gleichzeitig guter Bienenverträglichkeit – erzielbar.

Wirkstoff Thymol

Thymol ist ein seit langem bekannter Wirkstoff mit varroazider Wirkung. Bei richtiger Dosierung und geeigneten Anwendungsbedingungen sollen in der Stockluft durch Verdampfung des ätherischen Öls Thymolkonzentrationen entstehen, die Varroamilben abtöten, aber die Bienen nicht schädigen (5 bis maximal 15 µg Thymol/l Luft). Varroamilben in den gedeckelten Brutzellen werden nicht abgetötet. Verschiedene Rahmenbedingungen haben Einfluss auf die erzielbare Wirkung: Wabenstellung (bessere Wirkung im Warmbau), Außentemperatur (höherer Wirkungsgrad bei 20–25° C als bei 12–15° C), Beutenvolumen, Beutenboden (Wirkung bei offenen gegenüber geschlossenen Böden reduziert), Fluglochgröße (Wirkung kann bei großen Fluglochöffnungen reduziert sein), Volksstärke (je höher das Verhältnis Bienen zu Brut, desto besser der Wirkungsgrad). Auch starke Sonneneinstrahlung und Ventilationstätigkeit der Bienen führen zu einer Wirkungsverminderung.

Anwendung

In den vergangenen Jahren wurden mehrere Varroabekämpfungsmittel mit Thymol (entweder als Einzelwirkstoff oder in Kombination mit weiteren Wirkstoffen) auf den Markt gebracht.

Auch bei diesen Mitteln ist die Zulassungssituation in den verschiedenen Ländern unterschiedlich. Daher ist vor dem Einsatz zu klären, ob das vorgesehene Präparat im jeweiligen Anwendungsland auch legal einsetzbar ist.

Alle diese Präparate werden erst nach Abschluss der Honigernte (d. h. frühestens ab Ende Juli/Anfang August) in zwei Anwendungswiederholungen eingesetzt. Ein Monat nach Ende der Anwendung von Thymolpräparaten sollte durch Einlage einer Diagnosewindel und Kontrolle des natürlichen Varroatotenfalles abgeschätzt werden, ob die Wirksamkeit ausreichend war oder nicht.

Unmittelbar vor oder während der Tracht sollte ihre Anwendung unterbleiben, um geschmacksbeeinflussende Thymolrückstände im Honig zu vermeiden. Bei Blütenhonig liegt die Geschmacksschwelle bei 1,1 mg Thymol/kg Honig. Bei der Frühjahrshonigschleuderung dürfen keine Waben aus dem Brutraum mitgeschleudert werden. Alle Völker eines Standes sollten gleichzeitig behandelt werden, um Räuberei zu vermeiden.

Restentmilbung ist notwendig
Wie Versuche in großvolumigen Magazinbeuten gezeigt haben, kann –
trotz zweimaliger Anwendung der erlaubten Thymolpräparate – auf eine
Restentmilbung nach Eintritt der Brutfreiheit nicht verzichtet werden.

Wirkstoff Oxalsäure

Nach langjährigen Bemühungen wurde der Einsatz oxalsäurehaltiger Präparate in verschiedenen EU-Ländern in unterschiedlicher Form legalisiert.

> Voraussetzungen für die Anwendung sind die Verwendung eines im
> Anwendungsland erlaubten Präparates sowie die Einhaltung be-
> stimmter Anwendungsverfahren (Träufeln, Sprühen, Verdampfen)
> und Behandlungszeiträume gemäß Gebrauchsanweisung.

Diese Mittel werden in geeigneter Zubereitungsform durch Träufeln bzw.
Sprühen oder durch die Verdampfung mit entsprechenden Zusatzgerä-
ten in die Bienenvölker eingebracht. Beim Sprüh- und Träufelverfahren
ist zu beachten, dass es Präparate gibt, die als Konzentrat angeboten
werden und vor der Anwendung unbedingt gemäß Gebrauchsanweisung
zu verdünnen sind, damit keine Bienenschäden auftreten. Zusätzlich ist
Zucker zuzusetzen, um die Wirkung zu verbessern. Andere Präparate
sind bereits fertig zubereitet und werden unverdünnt verwendet.

Beim **Träufelverfahren** wird die Behandlungslösung auf die Bienen in
den Wabengassen geträufelt. Da sich die Aufwandsmenge nach dem
Präparat und der Volksstärke richtet, sind die Angaben der Gebrauchsanweisung unbedingt einzuhalten.

Beim **Sprühverfahren** sind alle bienenbesetzten Waben zu ziehen
und beidseitig mit der in der Gebrauchsanweisung empfohlenen Menge
des Präparates zu besprühen. Die Aufwandsmenge richtet sich nach der
Rähmchengröße.

Beim **Verdampfungsverfahren** wird Oxalsäure in Tablettenform mittels eines Verdampfers in die Völker eingebracht. Die eingesetzte Menge
liegt zwischen 1 (Ableger, Einraumvolk, kleine Schwarmkiste) und 2 g
(Zweiraumvolk, große Schwarmkiste) pro Volk.

Da Oxalsäure in den bisher erprobten Anwendungsarten nur in brutfreien Völkern eine gute Wirkung aufweist, ergeben sich zwei Anwen-
dungsschwerpunkte:

■ Spätherbstbehandlung zur Restentmilbung bei Wirtschafts- und Jungvölkern nach Eintritt der Brutfreiheit. Erfahrungsgemäß werden die
Völker frühestens zwischen November (Gebirge) und dem Jahresende

(Weinbauregion, Donauraum) brutfrei. Es kann aber auch vorkommen, dass Völker durchbrüten. In diesem Fall ist mit einer herabgesetzten Wirkung zu rechnen!

- **Milbenreduktion bei der Jungvolkbildung** (Ableger, Kehrschwarm), bevor verdeckelte Brut vorhanden ist. Da die Praxis gezeigt hat, dass die Wirkung bei diesem Volksstadium deutlich niedriger ist als in brutfreien Wintervölkern, sollten so behandelte Jungvölker im Spätherbst einer zusätzlichen Restentmilbung unterzogen werden. Generell sollten so behandelte Jungvölker im gleichen Jahr nicht mehr zur Honiggewinnung herangezogen werden.

Andere Wirkstoffe

Als Beispiele sind hier anzuführen: Coumafos, Flumethrin, Fluvalinat, Amitraz u. a.

Diese Wirkstoffe sind in der Regel in Präparaten enthalten, die eine Zulassung als Tierarzneimittel zur Bekämpfung der Varroamilbe bzw. zur Therapie der Varroose (= seuchenhafte Erkrankungsform) haben. In den meisten Ländern ist damit eine Rezept- oder Apothekenpflicht verbunden.

Die gebräuchlichsten Anwendungsarten sind der Einsatz in Form von Kunststoffstreifen bzw. als Mittel zur Träufelanwendung. Voraussetzung für den legalen Einsatz ist in jedem Fall eine aufrechte Zulassung eines entsprechenden Präparates im Land der Anwendung. Ist dies nicht der Fall, ist eine Anwendung nur möglich, wenn es in einem anderen EU-Land ein zugelassenes Präparat gibt, das unter Einschaltung eines Tierarztes und Einhaltung eines Meldeverfahrens an die zuständige Behörde importiert und an den Imker abgegeben wird. Selbstverständlich sind die Anwendungsvorschriften gemäß Packungsbeilage unbedingt einzuhalten.

Da sich auch bei Tierarzneispezialitäten in den verschiedenen EU-Ländern der Zulassungsstatus kurzfristig ändern kann, sollten rechtzeitig vor einem geplanten Einsatz entsprechende Erkundigungen über die Möglichkeit einer legalen Anwendung und über Bezugsquellen eingeholt werden.

Vorteile von Tierarzneispezialitäten mit diesen Wirkstoffen
Sie sind einfach handzuhaben, hinsichtlich der Anwendersicherheit und Bienenverträglichkeit geprüft und wurden im Rahmen der Zulassung in Bezug auf eine Rückstandsbildung in Bienenprodukten bei ordnungsgemäßer Anwendung bewertet und für sicher befunden.

Probleme

Je nach Art und Anwendungsform des Wirkstoffes, seiner Fettlöslichkeit, der Aufwandsmenge bzw. der aus den Kunststoffstreifen freigesetzten Menge kann es früher oder später zu Rückständen im Wachs und Propolis bzw. im Honig kommen. Bei ordnungsgemäßer Anwendung gemäß der Gebrauchsanweisung ist der aus damit behandelten Bienenvölkern produzierte Honig für die Verbraucher sicher und entspricht den lebensmittelrechtlichen Vorschriften. In Bio-Imkereibetrieben sind derartige Wirkstoffe natürlich nicht erlaubt.

> Aus einigen Ländern – darunter auch aus Österreich – wurden in den vergangenen Jahren für manche der genannten Wirkstoffe Resistenzen der Varroamilbe nachgewiesen. Ausmaß und Verbreitung dieser resistenten Varroamilben sind nicht genau bekannt.

Ihr Vorkommen hängt von vielen Einflussgrößen ab (Häufigkeit der Anwendung derartiger Wirkstoffe, großflächiges Resistenzmanagement durch geplanten Wechsel der eingesetzten Wirkstoffe von Jahr zu Jahr, Rückstandsbildung in Waben und Mittelwänden, Bienenimporte aus Gebieten mit resistenten Varroamilben, etc.). Es ist daher auch bei derartigen Präparaten sinnvoll und empfehlenswert, durch Einlage einer Diagnosewindel während der Anwendung und durch Kontrolle des natürlichen Varroatotenfalles – ab zirka ein Monat nach der letzten Anwendung – zu überprüfen, ob eine ausreichende Wirksamkeit erzielt werden konnte.

Hohe Varroazahlen nach Ende der Anwendung können ein Zeichen für beginnende Resistenzen oder massiven Varroadruck von Nachbarständen sein. Gegebenenfalls sind weitere Maßnahmen zur Reduktion des Varroabefalles durchzuführen.

Spezielle Behandlungsempfehlungen

Wirtschaftsvölker dürfen erst nach dem Abschluss der Honigernte mit einem Medikament behandelt werden. Nur dadurch lässt sich die Gefahr von Rückständen im Honig auf ein absolutes Minimum reduzieren.

Da zum optimalen Bekämpfungszeitpunkt (Ende Juli, Anfang August) in den Völkern noch große Brutflächen vorkommen, hat nur ein Mittel, das die Varroa auf den Bienen und in der Brut abtötet (z. B. Ameisensäure) bzw. eines mit Langzeitwirkung (z. B. Thymolpräparate bzw. Tierarzneispezialitäten mit entsprechender Formulierung) eine gute und nachhaltige Wirkung. Diese ist natürlich nur gewährleistet, solange es noch keine resistenten Milben gibt).

Zusätzlich ist in den meisten Fällen eine Restentmilbung in der brutfreien Zeit unbedingt erforderlich, um mit möglichst wenig Milben in die nächste Saison zu starten.

Integriertes Varroa-Bekämpfungskonzept
Für eine erfolgreiche Varroabekämpfung ist heute ein sogenanntes „Integriertes Bekämpfungskonzept" unumgänglich. Dabei werden – gut und vorausschauend geplant – biotechnische Maßnahmen (z. B. Entnahme verdeckelter Drohnen- oder Arbeiterinnenbrut) mit einer Abfolge medikamentöser Maßnahmen (z. B. Nachtrachtbekämpfung, Restentmilbung) kombiniert. Die Bekämpfungsstrategie sollte immer flächendeckend alle Imker einer Ortsgruppe einbinden!

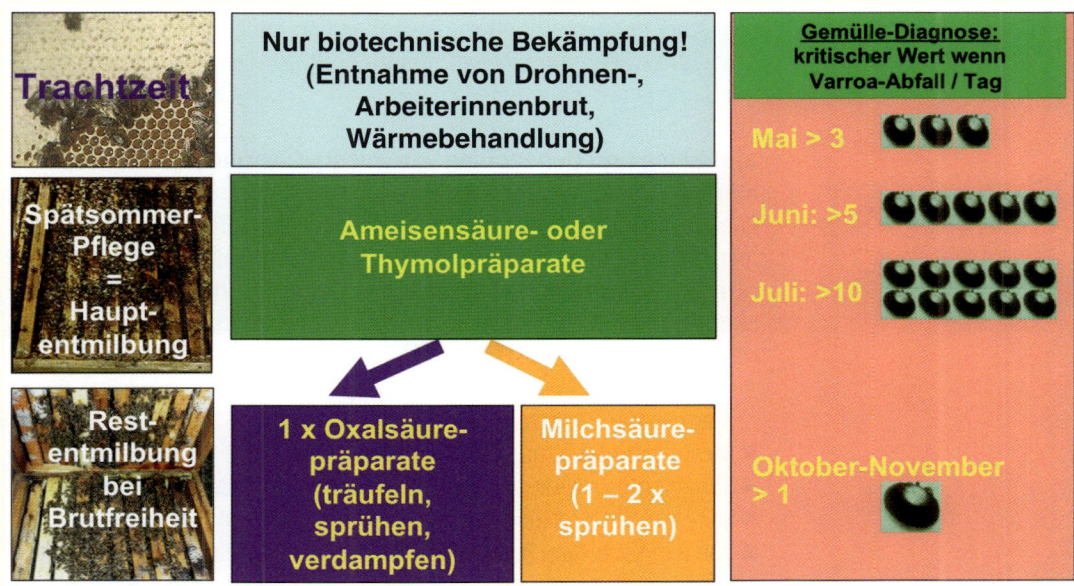

Integriertes Konzept zur Varroabekämpfung mit „alternativen" Mitteln (zugelassene Mittel – siehe „Arzneispezialitätenregister des BASG)

Erstellung und Behandlung von Jungvölkern

> **Jungvolkbildung sichert den Völkerbestand!**

Jeder Imker muss danach trachten, den Großteil seiner Völker jährlich zu verjüngen und Reservevölker für Ausfälle aufzubauen.

Das Warten auf Schwärme ist dabei zu wenig. Es ist eine aktive Verjüngung über Ableger und Kunstschwärme mit gutem Zuchtmaterial anzustreben – siehe auch Kap. Jungvolkbildung, Seite 48).

Nur wer stets genug Bienenvölker zur Verfügung hat, kann auch unter seinen Völkern eine Auslese treffen.

> Bei allen Vermehrungsmaßnahmen ist jedoch zu beachten: Nur gesunde Muttervölker ergeben auch gesunde Jungvölker. Die Brutwaben und Bienen für die Jungvolkbildung sollten daher nur aus den besten und stärksten Völkern entnommen werden.

Kranke Völker sind auszumerzen. Gesunde, aber in der Entwicklung zurückgebliebene Völker sollte man stets mit stärkeren Völkern zur Ausnützung einer Tracht vereinigen. Eine Varroabekämpfung bei der Bildung der Jungvölker ist nur dann erforderlich, wenn bereits die Muttervölker sehr stark befallen sind. Bei Schwärmen und Kunstschwärmen sollte die brut- und wabenfreie Schwarmphase stets zur Durchführung einer Behandlung genützt werden.

a) Bildung und Behandlung von Kunstschwärmen

Kunstschwärme können praktisch während der gesamten Bienensaison gebildet werden. Zweckmäßigerweise erfolgt die Bildung aber im Rahmen der normalen Völkerbearbeitung zur Schwarmverhinderung oder beim Abnehmen der Honigräume. Das Gewicht sollte je nach Jahreszeit mindestens 1–2 kg betragen, um eine zügige Weiterentwicklung zu gewährleisten.

Vorteile des Kunstschwarmes
- beste Mittelwirksamkeit (da brutfrei erstellt)
- Rückstandsfreiheit des Wabenbaues und der Bienenprodukte
- junge, vitale Königin
- junger Wabenbau (wenn auf Mittelwände eingeschlagen)

Behandlung:
Für die Behandlung der Kunstschwärme bieten sich zwei Phasen an:
a) nach dem Abkehren, solange sich der Schwarm noch in der Schwarmkiste befindet;
b) nach dem Einschlagen, wenn der Schwarm bereits mit dem Ausbauen der Mittelwände und der Anlage eines Brutnestes begonnen hat.

In beiden Phasen können milchsäure- oder oxalsäurehaltige Präparate im Sprüh- bzw. Träufelverfahren eingesetzt werden. Zur Behandlung in der Schwarmphase werden die Mittel entweder in der Schwarmkiste auf die abgestoßenen, herumkrabbelnden Bienen gesprüht bzw. geträufelt. In der Phase nach dem Einschlagen werden die mit Bienen besetzten Waben gezogen und jede Wabenseite besprüht. Alternativ dazu können auch die Bienen in den Wabengassen mit dem entsprechenden Präparat beträufelt werden.

> Generell ist zu beachten, dass die Wirkung der milchsäure- bzw. oxalsäurehaltigen Präparate bei diesen Formen der Anwendung nicht so hoch ist wie bei der Anwendung in der kalten Jahreszeit, wenn die Völker keine Brut mehr haben.

Bei dieser Form der Anwendung wird davon ausgegangen, dass die Schwärme bzw. Kehrschwärme im laufenden Jahr nicht mehr zur Honiggewinnung herangezogen werden. Somit gibt es auch keine Bedenken hinsichtlich Rückständen oder einer Geschmacksbeeinträchtigung des Honigs.

Die behandelten und eingeschlagenen Kunstschwärme sollten auf einem eigenen Stand, isoliert von den stärker befallenen Wirtschaftsvölkern, aufgestellt werden. Bei starkem Varroadruck von Nachbarständen sollten generell alle Kunstschwärme gleichzeitig mit den Wirtschaftsvölkern behandelt werden (nach Trachtschluss bzw. zur Zeit der Restentmilbung).

Imker, die nicht ausschließlich auf alternative Varroabekämpfungsmittel setzen wollen, können die Schwärme auch mit geeigneten zugelassenen Tierarzneimitteln gegen die Varroamilbe behandeln, sofern gegenüber den eingesetzten Wirkstoffen noch keine Resistenzen bestehen.

b) Erstellung und Behandlung von Brutablegern

Brutableger haben den Vorteil, dass sie leicht und in großer Zahl zu erstellen sind. Wenn sie aus Muttervölkern mit geringem Varroabefall entstammen und isoliert von stark befallenen Wirtschaftsvölkern auf einem eigenen Stand aufgestellt werden, kann bei der Erstellung auf eine Behandlung verzichtet werden.

Solche Ableger sollten jedoch unbedingt in die allgemeine Behandlung nach Trachtschluss einbezogen werden, um ihr weiteres Gedeihen sicherzustellen.

Sind die Muttervölker schon stärker varroabefallen, ist bereits bei der Erstellung der Brutableger eine Milbenbekämpfung durchzuführen, da die Ableger sonst zugrunde gehen. Wie eigene Erfahrungen zeigten, kann ein mit drei Brutwaben aus stark befallenen Völkern gebildeter Ableger bis zu 3.000 Varroamilben enthalten!

Vorteile des Brutablegers
- leicht zu erstellen
- junge, vitale Königin
- Milbenentzug aus den Muttervölkern

Behandlung: Nur falls erforderlich!
- Ableger mit Brut: thymolhaltige Präparate mit reduzierter Dosierung
- Ableger nach dem Schlüpfen der Brut: Hier bietet sich der Einsatz von milchsäure- bzw. oxalsäurehaltigen Präparaten analog zu den Kehrschwärmen an.

Bei beiden Formen der Anwendung wird davon ausgegangen, dass derart behandelte Ableger im laufenden Jahr nicht mehr zur Honiggewinnung herangezogen werden. Somit gibt es auch keine Bedenken hinsichtlich Rückständen oder einer Geschmacksbeeinträchtigung des Honigs.

Grundsatz

Imker, die nicht ausschließlich auf alternative Varroabekämpfungsmittel setzen wollen, können die Schwärme auch mit geeigneten zugelassenen Tierarzneimitteln gegen die Varroamilbe behandeln, sofern gegenüber den eingesetzten Wirkstoffen noch keine Resistenzen bestehen. Allerdings ist bei Anwendung von Präparaten auf Basis fettlöslicher Wirkstoffe mit Rückständen im Wachs zu rechnen, wenn Brutableger damit behandelt werden. Auf Bienenständen mit Resistenzproblemen in den Vorjahren ist vom Einsatz derartiger Präparate abzuraten.

Eintrag von Varroamilben aus Nachbarvölkern bzw. -ständen

Nach der Behandlung steigt die Zahl der Varroamilben durch Eintrag aus anderen befallenen Völkern und die Vermehrung verbliebener Restmilben erneut an.

Der Milbeneintrag ist in hohem Ausmaß von der Bienendichte im Flugkreis abhängig; bei Jungvölkern vom Zeitpunkt ihrer Erstellung und vom Aufstellungsort. Eine von stark befallenen Völkern getrennte Aufstellung der Jungvölker auf einem eigenen Jungvolkstand bringt daher sehr große Vorteile.

In nicht isoliert aufgestellte Jungvölker können innerhalb weniger Wochen bereits wieder einige Tausend Varroamilben über den Bienenverflug und Räuberei eingetragen werden. Daher sollten zeitig im Jahr erstellte Ableger und Kunstschwärme zur Zeit der allgemeinen Behandlung der Wirtschaftsvölker mit behandelt werden.

Abschließende Hinweise für die Praxis
Die Varroabehandlung darf nur mit den im jeweiligen Einsatzland erlaubten Medikamenten entsprechend ihren Anwendungsvorschriften erfolgen.

> Am besten ist die vereinsmäßige Organisation einer flächendeckenden Behandlung auf allen Ständen innerhalb eines festgelegten Zeitraumes. In eine flächendeckende Bekämpfung, die auf freiwilliger Basis erfolgt, sollten nach Möglichkeit auch die nichtorganisierten Imker einbezogen werden.

In der Praxis hat sich gezeigt, dass eine wirksame Varroabehandlung in erster Linie eine Frage der Organisation und weniger eine Frage des verwendeten Medikamentes ist. Durch eine flächendeckende Behandlung kann der Eintrag von Varroamilben aus Nachbarständen sehr stark reduziert werden. Damit sinkt auch das Risiko von Völkerverlusten.

Brutzelle mit starkem Varroabefall aus einem totem Volk

Wanderimker sollten nach dem Abräumen die Varroabekämpfung bereits auf den Wanderplätzen einleiten, um die Verschleppung großer Milbenmengen auf die Heimstände zu vermeiden.

Ziel aller Bekämpfungsmaßnahmen muss es sein, zum richtigen Zeitpunkt mit dem richtigen Mittel zu behandeln, um dadurch die Varroamilbe bis zur nächsten Ernte unter der wirtschaftlichen Schadensschwelle zu halten.

Der gezielten Jungvolkbildung ist besonderes Augenmerk zu schenken, da nur durch einen Überschuss an Bienenvölkern eine Auslese auf Widerstandsfähigkeit gegenüber der Varroamilbe und damit verbundener Begleiterkrankungen möglich ist.

> Zur Nachzucht sollten nur Königinnen aus Völkern verwendet werden, die offensichtlich besser als die übrigen Standvölker mit der Varroa fertig werden und bezüglich anderer Selektionskriterien, wie Honigleistung, Sanftmut und Putztrieb (!), entsprechen.

Für Züchter kann es interessant und lohnend sein, solches Material im Vergleich mit Material aus anderen Beständen zu testen.

Jeder Imker sollte während der Behandlung den Varroa-Abfall kontrollieren. So kann er Völker mit starker und schwacher Varroavermehrung erkennen und versuchen, durch gezielte Auslese den Anteil der Völker mit starker Varroavermehrung zu reduzieren. Bienen und Brutwaben für die Jungvolkbildung nur aus vitalen, gesunden Bienenvölkern entnehmen!

Bei der Varroabekämpfung erspart ein gemeinsames Vorgehen aller Imker unnötige Völkerverluste. Gleichzeitig werden der Medikamentenaufwand sowie die Resistenz- und Rückstandsgefahr verringert.

Der Kampf gegen die Varroamilbe erfordert die Aufmerksamkeit und den Einsatz jedes einzelnen Imkers. Bei vorhandener Resistenz ist ein Wechsel des Bekämpfungsmittels erforderlich, um trotz durchgeführter Behandlung Völkerzusammenbrüche zu verhindern.

Krankheiten der Bienenbrut

Amerikanische Faulbrut

Anzeigepflichtig!

Löchrige Zelldeckel sind ein Indiz für Brutkrankheiten

Beim Nachweis oder dem Verdacht auf Amerikanische Faulbrut ist eine Anzeige bei der zuständigen Bezirkshauptmannschaft zu erstatten. Der Amtstierarzt verfügt dann die weiteren Maßnahmen (Erhebungen, Sperre des befallenen Standes, Einrichtung einer Sperrzone mit 3 km Radius um den befallenen Stand, Kontrolluntersuchung bei allen Völkern in der Sperrzone, Sanierung, Aufhebung der Sperre nach erfolgreicher Sanierung).

Erreger
Paenibacillus larvae: Stäbchenförmiges, rundum begeißeltes und Sporen bildendes Bakterium. Die Sporen sind sehr klein und extrem widerstandsfähig gegenüber Hitze, Chemikalien oder Austrocknung und können jahrzehntelang ansteckungsfähig bleiben.

Diagnose
Eingefallene, löchrige und feucht glänzende Zelldeckel, Faden ziehende nach Leim riechende Masse im Zellinneren. Eingetrocknete Schorfe fest in der unteren Zellrinne haftend. Sporen unter dem Mikroskop erst bei l.000facher Vergrößerung zu sehen. „Streichholzprobe": Mit einem Streichholz lassen sich die zersetzten Überreste fadenförmig ausziehen, solange sie noch nicht eingetrocknet sind.

„Streichholzprobe"

Zur Sicherung des Befundes ist eine Wabenprobe mit erkrankter Brut über den Amtstierarzt an eine gemäß Bienenseuchengesetz bestimmte Untersuchungsstelle einzusenden.

Honigkränze sind vorher zu entfernen, damit die Probe nicht total verklebt. Auf drucksichere Verpackung ist zu achten. Bestätigt sich der Verdacht, werden der betroffene Stand und alle im Umkreis (Radius 3 km) befindlichen Stände gesperrt. Die Sperre des Standes mit erkrankten Völkern wird nach erfolgter Sanierung und negativer Abschlusskontrolle wieder aufgehoben, ebenso die Sperrzone im Umkreis. Aufgrund der umfangreichen Sanierungsarbeiten, die bei einem Befall mit Amerikanischer Faulbrut zu treffen sind, gehört diese zu den am meisten gefürchteten Krankheiten auf jedem Bienenstand.

Verbreitung, Lebensweise, Infektions- und Ausbreitungswege
Paenibacillus larvae ist weltweit verbreitet.

Die ansteckungsfähigen Sporen werden von den Bienenmaden mit dem Futter aufgenommen, keimen im Darm aus und bilden die vegetative Stäbchenform. Am empfindlichsten reagieren Maden bis zum zweiten Lebenstag auf eine Infektion mit Faulbrutsporen.

Bereits zehn Sporen pro Made genügen in diesem Stadium für eine Ansteckung. Um die Krankheit bei älteren Maden auszulösen, sind bereits Millionen von Sporen notwendig. Je nach Genotyp des Faulbruterregers sterben die jungen Bienenmaden entweder bereits vor der Verpuppung ab, oder sie überleben länger und sterben erst nach dem Spinnen des Kokons im Vorpuppenstadium ab.

Im ersten Fall deutet ein lückenhaftes Brutnest auf die Krankheit hin. Im zweiten Fall treten dunkle, feuchte, eingesunkene, rissige bzw. löchrige Zelldeckel auf. Darunter befinden sich die zersetzten, bräunlich verfärbten, Faden ziehenden, klebrigen, nach Fischleim riechenden Massen der abgestorbenen Vorpuppen. Diese trocknen im Verlauf einiger Wochen zu harten Schorfen ein, die fest an der Zellwand haften und sich nur schwer entfernen lassen. In beiden Fällen bilden sich die extrem widerstandsfähigen Sporen (bis zu 2,5 Milliarden Sporen pro erkrankter Made).

Die Ausräumrate erkrankter Zellen ist einerseits vom Zeitpunkt des Absterbens der Maden – somit vom Faulbrut-Genotyp – und andererseits von den erblich fixierten Anlagen der Bienen zum Erkennen und Entfernen erkrankter Maden abhängig.

Der sichtbare Ausbruch der Krankheit in Form klinischer Symptome erfolgt daher oft erst lange Zeit nach der Infektion des Volkes. Lediglich ein lückenhaftes Brutnest ist im Frühstadium in vielen Fällen ein erster Hinweis auf eine mögliche Infektion mit Amerikanischer Faulbrut.

Finden sich in den Völkern stehengebliebene Zellen mit Faulbrutmassen oder mit Schorfen, ist die Erkrankung bereits so weit fortgeschritten, dass eine Selbstheilung des Volkes auszuschließen ist.

Entdeckt wird die Seuche meistens im Frühjahr oder im Herbst. Durch die kleineren Brutflächen und den schwächeren Bienenbesatz fallen die stehengebliebenen Zellen besser auf. Stark befallene Völker können auch bereits im Sommer durch ihre schlechte Entwicklung auffallen.

Während einer guten Tracht kann eine scheinbare Erholung der Völker eintreten. Der Zusammenbruch erfolgt dann jedoch nach Trachtschluss meist innerhalb kurzer Zeit. Beim Entfernen der eingetrockneten Schorfe nehmen die Putzbienen große Sporenmengen auf. Nur ein geringer Teil davon wird durch den Ventiltrichter ausgefiltert und nach einer Darmpassage ausgeschieden. Ein Teil der Sporen haftet auch an den Mundwerkzeugen und der Körperbehaarung der Bienen und wird bei der Brutpflege an die Bienenmaden weitergegeben.

Die Sporen finden sich auch massenhaft im gespeicherten Honig und im eingetragenen Pollen. Die Verunreinigung des Pollens mit Faulbrutsporen geschieht durch die Zugabe von Honig, um den Pollen für den Transport in den Pollenkörbchen klebriger zu machen.

Therapie

Bevor die eigentlichen Sanierungsmaßnahmen beginnen können, ist als Erstes die Frage zu klären: „Woher ist die Krankheit gekommen?" Es sind daher nicht nur der als befallen erkannte, sondern auch benachbarte Stände gründlich zu untersuchen, um den Ansteckungsherd zu finden. Dies kann auch ein alter, bereits seit langer Zeit nicht mehr besiedelter Bienenstand sein. Nur durch die Klärung des Ansteckungsweges und seine Ausschaltung lassen sich dauerhafte Sanierungserfolge erzielen.

Durch die enorme Langlebigkeit und die große Masse der Sporen müssen die Sanierungs- und Desinfektionsmaßnahmen außerordentlich gründlich und gewissenhaft durchgeführt werden. Es sollte dazu immer der Rat eines erfahrenen Bienenseuchensachverständigen herangezogen werden.

In der Praxis haben sich nur zwei Verfahren zur dauerhaften Sanierung von Bienenständen mit faulbrutbefallenen Völkern bewährt:

a) Die Vernichtung schwer erkrankter Bienenvölker

Dabei werden die Bienen abgeschwefelt und mitsamt den Waben und nicht entkeimbarem Material (uralte Beuten, Strohmatten, Schiede etc.) in einer Erdgrube verbrannt. Nach dem Verbrennen ist die Grube zuzuschütten.

Der Boden vor dem Bienenstand ist umzugraben und mit Ätzkalk zu bestreuen. Anflugbretter etc. in Bienenhäusern sind mit heißer Lauge zu waschen und frisch zu streichen. Durch diese Maßnahmen soll bei Wiederbesiedelung des Bienenstandes ein Kontakt der Bienen mit Schorfen und Sporen verhindert werden.

b) Das Kunstschwarmverfahren für noch sanierungswürdige Völker

Bei diesem Verfahren werden die Bienen von den Waben abgestoßen und in eine saubere, desinfizierte Beute auf Mittelwände einlogiert. Die Bienen sollen vor der Beute auf eine Lage Zeitungspapier geschüttet werden und selbst in die Beute einlaufen können, damit Wachsteilchen und Honigspritzer, die mit Sporen verunreinigt sind, nicht in die neue Beute gelangen. Nach dem Einzug der Bienen ist die Papierunterlage zu verbrennen.

Wird der Kunstschwarm mit Bienen aus mehreren Völkern gebildet, wird dieser in der Kunstschwarmkiste in den Keller gestellt und für zwei Tage hungern gelassen. Die Bienen verbrauchen dann den mitgebrachten Honig und die darin enthaltenen Sporen können unschädlich gemacht werden. Nach der Kellerhaft wird der Kunstschwarm auf Mittelwände in gründlich desinfizierte oder neue Beuten eingeschlagen. Auch die scheinbar gesunden Völker auf einem Stand mit Faulbrutbefall müssen dem Kunstschwarmverfahren unterzogen werden, um einen nachhaltigen Sanierungserfolg sicherzustellen.

Faulbrutsanierung durch Verbrennung

Der Einsatz von Antibiotika zur Faulbrutsanierung ist in Österreich generell verboten! Mögliche Folgen des Einsatzes derartiger Wirkstoffe können Rückstände im Honig sein, die seine Vermarktung nicht mehr erlauben.

Alle befallenen Brutwaben und auch die Futterwaben aus den befallenen Völkern werden verbrannt, ebenso alte, nicht gründlich zu reinigende Bienenstöcke. Sämtliche Vorratswaben und sonstigen Wachsreste sind bienendicht in Säcke zu verpacken und mit dem Vermerk „Achtung, Seuchenwachs!" zu versehen. Dann können sie an einen anerkannten Wachsverarbeitungsbetrieb geliefert werden. Die Ausrüstung dieser Betriebe garantiert die sichere Abtötung der Sporen während des Verarbeitungsprozesses.

Alle Bienenbeuten und Imkereigeräte, Absperrgitter, Honiglagergefäße und -gewinnungseinrichtungen sind gründlich zu desinfizieren (Abflammen, Auskochen in dreiprozentiger Sodalauge bzw. Desinfektion hitzeempfindlicher Teile mit anerkannten Desinfektionsmitteln).

Im nächsten Jahr sind die Völker nur mit Mittelwänden zu erweitern, damit nicht erneut eine Ansteckung über sporenverseuchte Vorratswaben erfolgen kann. Alle anderen Methoden, speziell die vorbeugende Verabreichung von Antibiotika, die grundsätzlich verboten ist, führen nur zu einer Verschleierung der Krankheit und sind daher abzulehnen. Es wird dabei nur die Vermehrung des Erregers unterbunden, die Sporen bleiben jedoch im Umlauf und werden auf andere Völker und Bienenstände weitergeschleppt. Die Folge ist dann eine Dauerbehandlung mit Medikamenten, um die Krankheit weiterhin zu unterdrücken, mit all ihren negativen Auswirkungen auf die Reinheit des Honigs bzw. eine mögliche Resistenzbildung des Erregers. Der Honig aus Faulbrutvölkern ist für den Menschen unschädlich.

Nur konsequente und gründliche Sanierung und Desinfektion bringen Erfolg

> Da es jedoch keine Möglichkeit der Entseuchung gibt, darf er an Bienen keinesfalls verfüttert werden. Das Gleiche gilt für Abschöpf- und Entdeckelungshonig.

Vorbeugung

Bienenstände nicht in der Nähe von Gefahrenquellen (verwahrloste Bienenstände, Honig verarbeitende Betriebe, Mülldeponien oder Rastplätze) aufstellen. Keinen Auslands- oder betriebsfremden Honig oder Pollen verfüttern. Ein Zukauf von Bienenvölkern sollte nur nach vorheriger Kontrolle der Brut auf Faulbrutanzeichen erfolgen. Empfehlenswerter ist der Zukauf von Schwärmen bzw. Kehrschwärmen, da keine Waben oder Futtervorräte – die Faulbrutsporen enthalten können – mitgebracht werden. Auch ist dabei eine vorbeugende Kellerhaft – analog zur Vorgangsweise bei der Faulbrutsanierung – möglich. Ein weiterer Vorteil liegt darin, dass das Rähmchenmaß des zukaufenden Betriebes keine Rolle spielt, da Schwärme auf jedes Rähmchenmaß eingeschlagen werden können.

Europäische Faulbrut

> **Nicht mehr anzeigepflichtig in Österreich!** (Novelle 2005 des Bienenseuchengesetzes, BGBl. Nr. 290/1988 i. d. g. F.)

Unter dem Sammelbegriff „Europäische Faulbrut" versteht man eine ansteckende Erkrankung der Bienenmaden, an der verschiedene Erreger beteiligt sein können. Je nach Art der Erreger können sich das Erscheinungsbild der erkrankten Maden und auch ihr Geruch verändern.

Erreger

Melissococcus plutonius: Dieses Bakterium bildet als Dauerstadium eine widerstandsfähige Kapsel.

Weitere am Symptombild beteiligte Erreger sind *Bacterium eurydice*, *Bacillus alvei*, *Bacillus gracilesporus* und *Streptococcus faecalis*.

Diagnose

Erkrankte Maden zeigen eine veränderte Lage in den Zellen, werden schlaff, zeigen erst eine gelbliche, später bräunliche bis schwarze Verfärbung und sterben bereits vor der Verdeckelung im Rund- oder Streckmadenstadium ab. Der Mitteldarm befallener Maden lässt sich durch Auseinanderziehen der Madenhaut mit zwei Pinzetten leicht präparieren und enthält oft kreideweiße, matt schimmernde Bakterienklumpen. Der Mitteldarm gesunder Maden hat hingegen eine goldbraune Farbe und lässt sich nicht so leicht herauspräparieren. Am Zelldeckel findet sich häufig ein glänzendschwarzer Überzug von abgesetztem Kot („Deckellack"), der große Mengen von Bakterien enthält.

Symptome der Europäischen Faulbrut

Verbreitung, Lebensweise, Infektions- und Ausbreitungswege

Europäische Faulbrut kommt weltweit in Bienenvölkern vor.

Die Aufnahme des Erregers erfolgt über verunreinigtes Madenfutter, das durch die vorherige Putztätigkeit der Ammenbienen mit dem Erreger durchsetzt ist. Die Vermehrung der Bakterien erfolgt im Mitteldarm. Ein Teil der erkrankten Maden stirbt nicht ab, sondern kann sich unter Bildung eines nur dürftigen Kokons zu abnormal kleinen Bienen weiterentwickeln.

Gelingt es den Bienen, den größten Teil der erkrankten Maden rechtzeitig aus den Zellen zu entfernen, kann lange Zeit ein Gleichgewicht zwischen Erreger und Bienenvolk bestehen bleiben. Hinweis auf die Erkrankung ist ein lückenhaftes Brutnest. Meist tritt die Erkrankung nur in leichter Form auf und die Symptome können durch „Selbstheilung" auch wieder verschwinden.

> Bei schlechten Bedingungen für das Bienenvolk oder im Falle einer Massentracht kann es aber zu einer Verschiebung zu Gunsten des Erregers kommen und es folgt dann ein massiver Ausbruch der Krankheit, der zum Tod der Bienenvölker führen kann. Weisellosigkeit fördert ebenfalls das Auftreten der Europäischen Faulbrut, da die Bienen dann auch noch erkrankte Maden weiterpflegen und nicht entfernen.

Das Maximum erkrankter Maden findet man normalerweise im Juni und Juli in den Völkern.

Die eingetrockneten Schorfe enthalten Sporen von *M. plutonius* und *B. alvei*, die jahrelang ansteckungsfähig bleiben können.

In vielen Fällen wird das Absterben mit *M. plutonius* befallener Maden durch weitere Bakterien beschleunigt, die normalerweise nur in kleinen Mengen im Darmtrakt von Bienen und Maden vorkommen. Hier wäre das *Bacterium eurydice* [White] zu nennen, das in Maden, die bereits mit *M. plutonius* befallen sind, verstärkt auftritt.

> Die bakterielle Zersetzung der Madenreste kann entweder ohne oder mit starker Geruchsentwicklung einhergehen. Gestank nach Käse oder Fußschweiß: *Bac. alvei*. Säuerlicher Geruch: *Str. faecalis*. Dieses Bakterium kommt normalerweise nicht in Bienenvölkern vor, sondern wird von außen eingeschleppt.

In Völkern mit Europäischer Faulbrut kann es sich jedoch längere Zeit halten und führt bei der Zersetzung der Maden zu einem säuerlichen Geruch, man spricht dann von „Sauerbrut". Die Überreste mit Europäischer Faulbrut befallener Maden haben breiige bis wässrig körnige, selten Faden ziehende Beschaffenheit (bei Beteiligung von *Bac. alvei* und *Bac. gracilesporus*) und trocknen zu glatten, glänzenden Schorfen ein, die locker in den Zellen haften und sich häufig am Zellgrund finden.

Therapie

Für eine medikamentöse Therapie stehen in Österreich keine zugelassenen Medikamente zur Verfügung. Im Ausland erfolgt in einigen Ländern die Behandlung mit verschiedenen Antibiotika, ohne die Krankheit aber wirklich in den Griff zu bekommen.

Treten nur vereinzelt stark befallene Völker am Stand auf, ist es sicher am besten, solche Völker zu vernichten. Bei schwach befallenen Völkern sollten die Waben mit abgestorbenen Maden entfernt und vernichtet werden. Nötigenfalls ist eine Kunstschwarmbildung mit gründlicher Desinfektion aller Betriebsmittel durchzuführen. Der Austausch nicht mehr leistungsfähiger Königinnen ist ebenfalls empfehlenswert, da ein starker Bienenumsatz die Erkrankung hintanhält.

Sackbrut

Nicht mehr anzeigepflichtig in Österreich! (Novelle 2005 des Bienenseuchengesetzes, BGBl. Nr. 290/1988 i. d. g. F.)

Erreger
Sackbrutvirus

Verbreitung
Das Sackbrutvirus ist wahrscheinlich weltweit verbreitet.

Diagnose
Lückiges Brutnest, Zelldeckel rissig oder löchrig und eingesunken, stehengebliebene Zellen. Befallene Maden zeigen eine sackartige Flüssigkeitsansammlung zwischen der alten Maden- und der Puppenhaut. Die Körperfarbe wechselt von perlweiß zu hellgelb. Nach dem Tod verfärbt sich die Made – an Kopf und Thorax beginnend – dunkelbraun, zerfällt zu einer wäßrig-körnigen Masse und trocknet dann zu einem schiffchenähnlichen, braunen Schorf ein, der in der unteren Zellrinne locker aufliegt. Das Kopfende ist dabei hakenartig aufgebogen und der Schorf ähnelt einem Kahn, daher der Name („Schiffchenkrankheit").

Bienenmade mit Symptomen der Sackbrut

Lebensweise, Infektions- und Ausbreitungswege
Die Ansteckung der Jungmaden erfolgt bei der Fütterung durch die Pflegebienen. Beim Zellenreinigen nehmen diese die Viren auf und scheiden sie über die Futtersaftdrüsen wieder aus, ohne selbst sichtbar daran zu erkranken.

Zirka zwei Tage alte Maden reagieren am empfindlichsten auf die Aufnahme von Sackbrutviren mit dem Futter.

Das Virus befällt verschiedene Körperteile der jungen Maden (Fettgewebe, Muskeln, Tracheenenden, Nervenstränge und Gehirn), die sich aber bis zur Verdeckelung noch normal weiterentwickeln.

Erst die Puppenhäutung wird gestört und in der Folge stirbt die Made ab. In diesem Stadium hat die Made die größte Ansteckungsfähigkeit. Die Schorfe verlieren nach dem Eintrocknen ihre Ansteckungskraft.

Brutlose Perioden überdauert das Virus in infizierten Bienen, in denen es sich vermehrt, ohne dass Krankheitssymptome auftreten. Im zeitigen Frühjahr und nach Hungerperioden wird das Virus von infizierten Bienen wieder auf die Maden übertragen.

Eine natürliche Begrenzung des Virus ergibt sich dadurch, dass viele der jungen, aber bereits infizierten Maden von den Pflegebienen noch vor der Verdeckelung aus den Zellen entfernt werden und damit die Virusvermehrung verhindert wird.

Bienen, die mit dem Sackbrutvirus befallen sind, haben eine verkürzte Lebensdauer, die etwa der von pollenlos aufgezogenen Bienen entspricht. Infizierte Jungbienen werden vorzeitig zu Sammlerinnen. Mit dem Pollen, den sie mit ihrem Drüsensekret anreichern, können sie aber weiterhin Viruspartikel in die Völker einbringen.

Therapie
Da keine wirksamen Medikamente zur Verfügung stehen, sollten die befallenen Waben entfernt und eingeschmolzen bzw. vernichtet werden.

Der Krankheitsverlauf ist in den meisten Fällen harmlos und die Krankheitssymptome verschwinden oft wieder von selbst. In schweren Fällen kann eine Sanierung über den Kunstschwarm versucht werden. Befallene Völker eng halten, um den Putztrieb zu fördern.

Kalkbrut

Nicht mehr anzeigepflichtig in Österreich! (Novelle 2005 des Bienenseuchengesetzes, BGBl. Nr. 290/1988 i. d. g. F.)

Erreger
Ascosphaera apis [Maassen], ein parasitisch lebender Pilz. Sehr widerstandsfähige Dauerstadien ermöglichen ein jahrelanges Überleben im Ruhezustand.

Diagnose
Lückenhaftes Brutnest, verfärbte, eingesunkene und löchrige Zelldeckel. Befallene Zellen mit weißen oder schmutziggrünen bis grauschwarzen, watteähnlichen Pfropfen gefüllt. Kalkbrutmumien auf den Flug- und Bodenbrettern.

Verbreitung, Lebensweise, Infektions- und Ausbreitungswege

Weltweit!

Befallen werden Bienenmaden, die die Pilzsporen mit dem Futter oder über die Körperoberfläche aufgenommen haben.Die Sporen keimen im Mitteldarm aus und die Pilzfäden durchwachsen das Körperinnere der Made. Die infizierten Maden sterben nicht sofort ab, sondern zeigen zu Beginn außer einer leicht gelblichen Verfärbung keine weiteren Krankheitsanzeichen. Nach der Verdeckelung sterben sie als Streckmade oder Vorpuppe ab. Die Pilzfäden durchbrechen dann die Körperoberfläche der Maden und umgeben sie mit einem weißen, weichen Gespinst von Pilzfäden, von dem nur der Kopf ausgenommen bleibt. Die zu Beginn noch weichen Maden werden dann hart („**Hartbrut**") und nehmen die sechseckige Zellform an. Die ursprüngliche Körpergliederung bleibt normalerweise erkennbar. (Unterschied zum ähnlichen Erscheinungsbild bei Pollenschimmelbefall!) Die Mumien liegen nur locker in den Zellen, klappern beim Schütteln einer befallenen Wabe („**Klapperbrut**") und sind bei entfernten Zelldeckeln leicht zu erkennen. Häufig finden sie sich am Morgen auf dem Boden- oder Flugbrett, sodass eine Kalkbrutinfektion meist schon am Flugloch zu diagnostizieren ist.

Wurde die Made von zwei verschiedengeschlechtlichen Sporen befallen, entwickeln sich auf dem Pilzgeflecht kugelige Fruchtkörper, in denen die Sporenballen mit den Sporen liegen. An den Stellen mit Fruchtkörperbildung – vorwiegend im Mittel- und Hinterabschnitt der Made – verfärbt sich das Pilzgeflecht schmutziggrün bis grauschwarz. Liegt nur eine Myzelform vor, bleiben die Mumien weiß.

> Der Kalkbrutpilz wächst am besten in unterkühlter Brut, daher findet er sich verstärkt am Rand des Brutnestes, hier speziell in der Drohnenbrut.

Kalkbrutbefall an Drohnenbrut

Feuchtes, kühles Wetter, ein feuchter Standort oder eine zu geringe Bienendichte auf den Waben fördern den Ausbruch der Kalkbrut.

Die Verbreitung von Volk zu Volk und von Stand zu Stand erfolgt durch sporenverseuchte Waben, Beuten, Honig und durch räubernde Bienen.

Therapie und Vorbeugung

Mangels geeigneter und zugelassener Medikamente ist eine chemische Bekämpfung der Kalkbrut nicht möglich.

Der Imker muss sich daher mit Desinfektions- und pflegerischen Maßnahmen behelfen. Kalkbrutbefallene Waben sollten aus den Völkern entfernt und eingeschmolzen werden. Zur Abtötung des Pilzes und seiner Sporen genügt ein Dampfwachsschmelzer. Die Völker sind anschließend in gereinigte und desinfizierte Beuten umzusetzen. Meist werden nur einige Völker eines Standes befallen. Auslösender Faktor für den Ausbruch der Erkrankung ist meist ein Missverhältnis zwischen Brutfläche und Bienenzahl.

Speziell im Frühjahr und Herbst sind daher alle Maßnahmen zu unterlassen, die den Wärmehaushalt der Bienenvölker zu sehr stören. Dazu gehören z. B. zu frühes Aufsetzen, Umhängen von Brutwaben in den schlecht besetzten Honigraum oder die Bildung von Brutablegern ohne genügend Pflegebienen zur Wärmung der Brut. In den Beuten sollte sich keine Feuchtigkeit ansammeln können. Eine Einengung der befallenen Völker führt zu einer Verbesserung des Wärmehaushaltes und einer Verstärkung des Putztriebes, was sich positiv auf die Reduktion des Befallsgrades auswirkt. Da auch eine erbliche Komponente die Kalkbrutanfälligkeit beeinflusst, sollten befallene Völker auf eine andere, weniger anfällige Zuchtlinie umgeweiselt werden. Keine kalkbrutanfälligen Völker für Zuchtzwecke verwenden, auch keine Bienen aus Völkern mit Kalkbrutbefall zum Füllen von Begattungskästchen.

Kalkbrutmumie mit Fruchtkörperbildung (oben) und ohne Fruchtkörperbildung (unten)

Honig aus kalkbrutbefallenen Völkern nicht an Bienen verfüttern.

Kalkbrutmumien auf der Varroawindel

Steinbrut

Erreger

Aspergillus flavus LINK, ein weit verbreiteter Schimmelpilz. Seine Sporen können auch beim Menschen zu Atemwegserkrankungen führen.

Diagnose

Gelb-grüne Mumien fest in den Zellen verankert. Das Pilzgeflecht kann auch den Zelldeckel durchwachsen und bildet pinselartige Sporenträger. Bei befallenen und abgestorbenen Bienen: Pilzgeflecht an den Hinterleibsringen sichtbar.

Verbreitung, Lebensweise, Infektions- und Ausbreitungswege

Aspergillus flavus findet sich natürlicherweise nicht nur auf Bienen, sondern auch auf vielen anderen organischen Substanzen und auch im Boden. Von dort bzw. über den befallenen Pollen findet er den Weg in die Bienenvölker. Die Steinbrut kann sowohl die Brut als auch die Bienen befallen. In Österreich ist in den vergangenen Jahren kein einziger Fall von Steinbrut an Bienenvölkern bekannt geworden.

Die Infektion der Maden erfolgt wie bei der Kalkbrut über das Futter. Im Streckmaden- bzw. Vorpuppenstadium stirbt die befallene Made ab. Das weißlich-graue Pilzgeflecht durchbricht die Madenhaut, wächst außerhalb des Madenkörpers weiter und kann auch die Zelldeckel durchdringen.

Die Mumien sind durch das Pilzgeflecht fest in den Zellen verankert und nur schwer zu entfernen. Die Sporen bilden sich vorwiegend am Vorderende der Made aus, die Sporenträger sind pinselartig von einem Kranz von strahlenförmigen Pilzfäden umgeben, an denen die gelblich-grünen Sporen abgeschnürt werden. Unterbleibt die Sporenbildung, haben die Mumien eine weißlich-graue Farbe. Eine sichere Unterscheidung von der Kalkbrut ist durch die mikroskopische Betrachtung der Pilzfruchtkörper möglich.

Im Unterschied zur Kalkbrut kann dieser Pilz auch erwachsene Bienen befallen. Die Sporen keimen im Darm der Bienen aus, das Pilzmyzel durchwuchert das Körperinnere der Bienen, dringt nach dem Absterben an den Hinterleibsringen aus dem Körper hervor und bildet Sporen.

Therapie
Keine!

Da die Sporen dieses Pilzes auch beim Menschen Atemwegserkrankungen hervorrufen können und wegen seines seltenen Auftretens ist die Abtötung und Vernichtung erkrankter Völker die einfachste und beste Lösung. Die Entseuchung von Waben, Beuten und Honig hat wie bei der Kalkbrut zu erfolgen.

Verkühlte Brut

Durch Kälterückschläge im Frühjahr, aber auch durch betriebstechnische Maßnahmen des Imkers (vorzeitige Raumgabe, Zerreißen des Brutnestes, Ablegerbildung mit zu schwachen Einheiten, Brutdistanzierung zur Schwarmverhinderung, Umhängen von Brutwaben in unbesetzte Honigräume u. Ä.) kann es zu einem Verlassen von Brutflächen durch die Bienen kommen.

Die äußeren Brutkränze sind davon zuerst betroffen. Die nicht gepflegten und gewärmten Brutstadien sterben ab und werden von den Bienen aus den Stöcken entfernt. Auf den Böden und Flugbrettern finden sich dann häufig ganze oder teilweise angefressene Bienenpuppen.

Im Gegensatz zur Faulbrut behalten die Maden ihre Form und trocknen unter brauner Verfärbung ein. Mikroskopisch lassen sich in den unterkühlten Maden meist keine Krankheitserreger nachweisen.

> Eine Unterkühlung der Brut verbessert die Lebensbedingungen für pilzliche Krankheitserreger (z. B. Kalkbrut) in den betroffenen Maden und damit die Wahrscheinlichkeit des Krankheitsausbruches.

Vorbeugung und Therapie

Vermeidung aller Maßnahmen, die das Temperaturgleichgewicht der Bienenvölker stören. Die Raumgröße ist stets der Volksstärke anzupassen. Gegebenenfalls sind daher die Völker einzuengen bzw. unbesetzte Räume zu entfernen.

Krankheiten der erwachsenen Bienen

Ruhr

Als Ruhr bezeichnet man eine Durchfallerkrankung der Winterbienen, hervorgerufen durch eine Überlastung der Kotblase mit Exkrementen.

Diagnose

Der Hinterleib ruhrkranker Bienen ist stark aufgetrieben und die Bienen fliegen auch bei schlechtem Flugwetter ab. Die Kotentleerung erfolgt bereits im Stock.

Es kommt zu einer Verschmutzung des Wabenwerks, des Beuteninneren, der Flugbretter und der Flugfront, aber auch der Bienen, mit breiigem Kot. Nach dem Eintrocknen bleiben große braune Flecken, die „Ruhrschorfe", zurück. Auf den Waben sind die Schorfe immer in der Nähe des Zellrandes zu finden. Der Geruch des Volkes ist unangenehm säuerlich.

Ursachen

- Störung der Winterruhe (Mäuse, Specht, Störungen durch menschliche Einflüsse) und damit erhöhte Futteraufnahme ohne die Möglichkeit zu Reinigungsflügen
- Ungeeignetes Winterfutter (Honigtauhonig – speziell Melezitosehonig, Heidehonig, kristallisiertes Winterfutter, schädliche Futterzusätze)
- Weisellosigkeit
- Schlechtwetterperioden im Frühjahr bei zeitigem Brutbeginn
- Bienenkrankheiten (Befall durch Nosema, Malpighamöben, Tracheenmilben)
- Überwinterung zu schwacher Völker

Auswirkungen auf das Bienenvolk

In schweren Fällen sterben die Bienen und die Völker an der dadurch ausgelösten Unruhe und Schwächung sowie an den Folgen von ansteckenden Krankheiten (Nosema-, Malpighamöbenbefall), die oft gemeinsam mit der Ruhr auftreten.

Kotflecken auf Rähmchenoberleisten bei Ruhr

„Ruhrschorf" an der Zellwand

*Aufgetriebener Hinterleib
ruhrkranker Bienen*

Vorbeugende Maβnahmen

Nur starke und gesunde Völker einwintern.

Ungeeignetes Winterfutter (Melezitose-, Heidehonig) entfernen und durch Zuckerlösung – ohne jegliche Futterzusätze – ersetzen. Winterfütterung spätestens bis Mitte September abschließen. Vermeidung aller unnötigen Störungen während der Winterruhe. Erkrankte Völker so bald wie möglich in saubere Beuten umlogieren und die verkoteten Waben entfernen. Zu schwache Völker abschwefeln.

Desinfektion und Reinigung der verkoteten Beuten durch Abflammen bzw. Auswaschen mit heißer, dreiprozentiger Sodalauge.

> ### Achtung!
>
> **Lauge ist ätzend – Schutzkleidung benützen (Schutzbrille, laugenfeste Handschuhe und Schuhe, Gummischürze).**

Maikrankheit

Bei der Maikrankheit handelt es sich um eine nicht ansteckende Darmerkrankung der Honigbiene. Die Ursache ist eine Pollenvölle, die im Normalfall die Kotblase, in selteneren Fällen auch den Mitteldarm von jungen Stockbienen betreffen kann. Den Bienen gelingt es dabei infolge Wassermangels nicht, den Kot auszuscheiden.

Diagnose

Junge Stockbienen krabbeln in großer Zahl mit stark aufgetriebenem Hinterleib zum Flugloch hinaus, fallen zu Boden und bilden oft kleine Bienenklumpen.

Erkrankte Bienen versuchen aufzufliegen und sich zu entleeren, ohne dass es ihnen gelingt. Dabei kreiseln oder laufen sie oft in Schlangenlinien auf dem Flugbrett herum. Der Kot wird in Form von „Kotwürstchen" abgesetzt, die sich oft auf den Flugbrettern, den Beutendächern oder der Beutenfront finden.

Werden die Bienen gedrückt, tritt eine dicke, gelblich-braune Kotwurst aus dem After aus. Ist der Mitteldarm betroffen, platzt der Hinterleib auf und der pollengefüllte Darm tritt hervor.

> Die Erkrankung tritt hauptsächlich im Frühjahr auf (Löwenzahnblüte, Zeit der Eisheiligen), speziell dann, wenn infolge ungünstiger Witterungsverhältnisse Wassermangel in den Völkern herrscht.

Leichte Fälle lassen sich aber bei Schlechtwettereinbrüchen auch während des ganzen Jahres beobachten.

Therapie und Vorbeugung

Verabreichung von Wasser (Stocktränke, Besprühen der Bienen mit lauwarmem Wasser oder dünnflüssigem Zuckerwasser 1:3), sodass die eingedickte Pollen-Kotmasse verdünnt wird und sich die Bienen wieder normal entleeren können. Die Krankheitssymptome verschwinden dann innerhalb kurzer Zeit. Bienen bei Schlechtwettereinbrüchen nach vorangegangener guter Pollentracht mit Wasser versorgen (Stocktränke) oder flüssig füttern.

Nosemose

> **Nicht mehr anzeigepflichtig in Österreich!** (Novelle 2005 des Bienenseuchengesetzes, BGBl. Nr. 290/1988 i.d. g. F.)

Die Nosemaseuche stellt für die Imkerei nach wie vor ein großes Problem dar und ist neben der Varroose sicher die am weitesten verbreitete und verlustreichste Bienenkrankheit. Speziell nach einem kühlen und feuchten Herbst oder Schlechtwettereinbrüchen im Frühjahr, nach zeitigem Beginn der Brutpflege, kommt es immer wieder zu erheblichen Völker- und Ertragsverlusten.

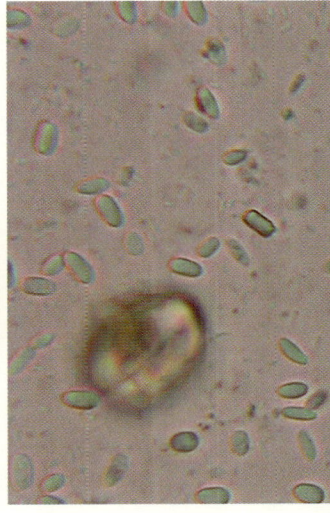

Sporen von Nosema spp. im Lichtmikroskop

> Obwohl der Erreger zu jeder Zeit im Bienenvolk vorhanden ist, tritt eine Schädigung der Bienen nur unter ungünstigen Lebensbedingungen ein („Faktorenkrankheit").

In der akuten Ausprägungsform der Erkrankung sterben die Winterbienen innerhalb kurzer Zeit ab, die Völker fliegen sich kahl und es kommt zum Erscheinungsbild der „Frühjahrsschwindsucht" sowie dem Zusammenbruch des Volkes. Gleichzeitige Mischinfektionen mit anderen Krankheitserregern (Amöben, Bluterkrankungen, Virosen) können die Schäden noch beträchtlich vergrößern.

Erreger

Nosema apis und *Nosema ceranae*. Diese zwei zur Gruppe der Pilze gehörenden Erreger befallen die Mitteldarmzellen erwachsener Bienen.

Diagnose

Aufgetriebener Hinterleib, flugunfähige, krabbelnde Bienen, große braune Kotspritzer oder „Pünktchenketten" auf Waben und Beuteninnen- und

-außenflächen. Bei sehr starkem Befall kann der Darm grau bis milchig-
weiß statt hellbraun gefärbt sein. Allerdings können auch bereits Bienen
mit normal gefärbtem Darm starke Nosematräger sein. Die dauerhaften
Sporen sind bei einer Größe von 6/1.000 mm von länglich-ovaler Gestalt
und im Lichtmikroskop bei 400-facher Vergrößerung bereits gut sichtbar.

Verbreitung, Lebensweise, Infektions- und Ausbreitungswege
Weltweit!

Unklar ist derzeit noch, ob beide Nosema-Arten mittlerweile weltweit
anzutreffen sind. *N. ceranae* scheint in den vergangenen Jahren von *Apis
ceranae* auch auf *A. mellifera* übergewechselt zu sein und sich stark in
Ausbreitung zu befinden.

Die Aufnahme der Nosemasporen erfolgt über den Mund. Im hinte-
ren Teil des Mitteldarmes keimen die Sporen dann aus und die Erreger
befallen die Zellen des Mitteldarmes, in denen sie sich vermehren und
erneut Sporen bilden. Zwischen Infektion und Sporenbildung vergehen
ca. fünf Tage, bei *N. ceranae* sogar weniger. Nach dem Zerfall der Mittel-
wandzelle werden die Sporen freigesetzt. Da ständig neue Darmzellen befallen werden, wird schließlich die gesamte Darmwand zerstört, was bei
den befallenen Bienen zu einer Störung des Eiweißstoffwechsels und einer
vorzeitigen Rückbildung der Futtersaftdrüsen führt. Dadurch sinkt die Lebenserwartung der Biene, und auch die Brutpflegeleistung nimmt ab. Befallene Königinnen zeigen eine eingeschränkte Legetätigkeit und es ist
häufiger ein Umweiseln der Völker zu beobachten. Befallene Bienen zeigen eine erhöhte Futteraufnahme. Die Ansteckung erfolgt vorzugsweise
im Stockbienenalter. Die größte Sporenmenge ist in Altbienen zu finden
und kann bis zu 500 Millionen Sporen pro Biene erreichen.

> Mit dem Kot werden große Sporenmengen ausgeschieden. Da no-
> semakranke Bienen sehr oft bereits im Stock Kot absetzen, können
> sich bei den Reinigungsarbeiten ständig neue Bienen infizieren.

Die Entwicklung des Befallsgrades zeigt saisonale Schwankungen. Im Frühjahr steigert sich der Befallsgrad mit Beginn der Bruttätigkeit und der Pol-
lenaufnahme und erreicht zirka im Mai sein Maximum. Nach dem Abgang der Winterbienen fällt der Befallsgrad sehr stark ab und beginnt erst
im Herbst, mit steigender Lebensdauer der Bienen, wieder anzusteigen.

Einfluss des Imkers auf den Befallsgrad
Neben natürlichen Einflüssen kann auch der Imker das Auftreten der
Nosemaerkrankung nachhaltig beeinflussen. Durch die Vereinigung von

kranken mit gesunden Völkern, das Einhängen von sporenbelasteten Waben, die Verfütterung von sporenbelastetem Honig, die Wahl eines ungeeigneten Standortes oder eine unhygienische Bienentränke kann er den Ausbruch der Erkrankung begünstigen.

> Jede Beunruhigung der Bienen (Störung der Winterruhe, unnötige Kontrollen im Frühjahr, Wanderung im Spätwinter oder im zeitigen Frühjahr) führt zu einer vermehrten Futteraufnahme und Belastung der Bienen. In der Folge werden Kottröpfchen im Stockinneren abgesetzt, die für die Putzbienen neue Infektionsquellen darstellen.

Dies ist vor allem dann der Fall, wenn der letzte Reinigungsflug bereits lange Zeit zurückliegt und nach der Wanderung Reinigungsflüge durch Schlechtwetter verhindert werden.

Königinnenzucht in kleinen, oft schlecht gefüllten Begattungskästchen fördert ebenso die Nosemaentwicklung wie Futtermangel infolge schlechter Tracht oder Übervölkerung des Standplatzes.

Das Gleiche gilt für alle Fälle, in denen es zu einer Lebensverlängerung der Sommerbienen kommt (Weisellosigkeit, lang andauernde Schwarmstimmung etc.). Umgekehrt können hygienische Maßnahmen (Säuberung von Beuten und Bodenbrettern) und vor allem die Wahl eines optimalen Standplatzes die Nosemaentwicklung bremsen.

Desinfektion des Wabenbaues und der Beuten

Da die Waben und Beutenwände von erkrankten Völkern massiv mit Sporen verseucht sind, ist ihre Entkeimung eine außerordentlich wichtige Maßnahme. Die ausgeschleuderten Waben können mit 60%iger Essigsäure entkeimt werden. Dazu stellt man die Waben in „Zargentürmen" zusammen und bringt pro Liter Beuteninhalt 2 cm³ Essigsäure in flachen Schalen zur Verdunstung. Die Einlage von saugfähigem Material (Zellstoff, Watte etc.) fördert die Verdunstung der Essigsäure und erhöht den Behandlungserfolg. Da Essigsäure schwerer ist als Luft, gehören die Verdunstungsschalen in die oberste Zarge. Die Zargen sind während der Behandlung luftdicht zu verschließen und sollen im Freien oder einem Raum, der nicht betreten wird, stehen.

> **Achtung!**
>
> **Essigsäuredämpfe sind auch für den Menschen ätzend und gesundheitsschädlich!**

Alle Metallteile in der Beute und an den Rähmchen werden allerdings von den Säuredämpfen angegriffen und beginnen zu rosten. Nach der Behandlung sind die behandelten Waben vor der Wiederverwendung für mindestens einen Tag zu lüften.

Vor der Verfütterung an Bienen sollte Honig aufgrund der Gefahr einer Sporenübertragung für zehn Minuten auf 60° C erhitzt werden. Dadurch werden die Sporen abgetötet und eine Infektionsgefahr ist ausgeschlossen.

Honig, der Nosemasporen enthält, ist für den Menschen unschädlich und kann ruhig verzehrt werden.

In Österreich ist kein Medikament zur Nosemabekämpfung zugelassen!

Amöbenruhr

Erreger

Malpighamoeba mellificae [Prell], ein Einzeller, der häufig gleichzeitig mit dem Nosemaerreger auftritt. Solche Mischinfektionen sind für die Bienen schädlicher als eine Infektion mit dem Einzelerreger.

Diagnose

Die sichtbaren Krankheitssymptome sind untypisch: Krabbler, flugunfähige Bienen mit zitternden Flügeln, Durchfall und verkotete Waben, Beuten, Stirn- und Flugbretter, erhöhter Totenfall, aufgetriebener Hinterleib. Ziemlich typisch ist auffällig gelber, dünnflüssiger und Ekel erregend riechender Kot auf Rähmchen und Beutenwänden.

> Der exakte Nachweis ist nur durch mikroskopische Betrachtung der Harnröhren oder des Kotblaseninhaltes und Bienenkotes bei 200–400-facher Vergrößerung möglich. Die kreisrunden Zysten sind im mikroskopischen Bild stark lichtbrechend.

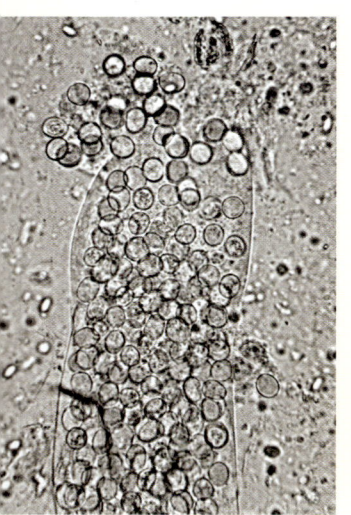

Harngefäß mit Zysten der Malpighamöbe

Ihr Durchmesser entspricht etwa der Länge einer Nosemaspore. Ohne spezielle Färbe- und Präparationstechniken lassen sich nur die Zysten nachweisen, nicht aber die vegetativen Stadien.

Verbreitung, Lebensweise, Infektions- und Ausbreitungswege

Weltweit!

Die Dauerstadien des Erregers werden durch den Mund aufgenommen und passieren den Darmtrakt bis zur Kotblase, wo sie auskeimen. Die freigesetzten Kriechformen oder die begeißelten Schwimmformen wandern in den Mündungsbereich der Malpighischen Gefäße zurück und dringen in die Harngefäße ein. Dort erfolgt eine intensive Vermehrungsphase mit anschließender Zystenbildung. Vom Zeitpunkt der Infektion bis zum Auftreten der ersten Zysten vergehen zirka drei Wochen. Die Dauerzysten werden in den Darm ausgeschwemmt und mit dem Kot abgegeben.

> Als Folge des Befalls kommt es zu Funktionsstörungen der Ausscheidungsorgane und damit zusammenhängenden Stoffwechselstörungen bei den Bienen. Der Befallsgrad der Bienen unterliegt saisonalen Schwankungen mit einem Maximum im Mai.

Im Verlauf des Sommers erreicht der Befallsgrad durch den hohen Bienenumsatz und den raschen Tod der Altbienen sein Minimum.

Die Verbreitung im Bienenstock erfolgt über zystenhältige Kotspritzer auf verseuchten Waben und Beutenteilen, oft auch durch den Imker, der gesunde mit kranken Völkern vereinigt.

Therapie und Vorbeugung

Gegen die Amöbenruhr ist kein Medikament wirksam. Man begegnet ihr am besten durch Vorbeugungsmaßnahmen genereller Art: Reinigung verschmutzter Beuten und Rähmchen mit heißer Lauge, Bauerneuerung, für raschen Bienenumsatz sorgen, Überführung der stark befallenen Völker auf unverseuchten Wabenbau und Desinfektion der verseuchten Beuten und Waben mit Essigsäure (wie bei Nosema beschrieben).

Tracheenmilbe

> **Nicht mehr anzeigepflichtig in Österreich!** (Novelle 2005 des Bienenseuchengesetzes, BGBl. Nr. 290/1988 i. d. g. F.)

Verursacher

Tracheenmilbe (*Acarapis woodi* [Rennie]), eine nur ca. 0,1 mm große, parasitisch im ersten Brusttracheenpaar lebende Milbe.

Diagnose

Bei schwachem Befall sind äußerlich oft jahrelang keine Anzeichen des Tracheenmilbenbefalles feststellbar.

Bei stärkerem Befall: Frühjahrsschwindsucht, Bienen mit verdrehten Flügeln hüpfen oder krabbeln vor den Fluglöchern umher.

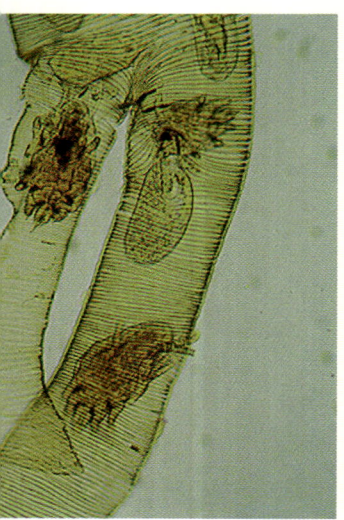

Trachee mit Milbenbefall

Der Nachweis gelingt am ehesten bei der Untersuchung des Wintertoten-falles. Eine sichere Diagnose kann nur durch die Präparation der Tracheen und ihre mikroskopische Betrachtung gestellt werden. Befallene Tracheen sind verschorft und weisen dunkle Flecken auf. In ihrem Inneren finden sich alle Entwicklungsstadien der Milben.

Verbreitung, Lebensweise, Infektions- und Ausbreitungswege
Die Tracheenmilbe ist bisher – mit Ausnahme von Australien – auf allen Kontinenten nachgewiesen worden. Von Volk zu Volk und von Stand zu Stand wird sie durch den Imker (Vereinigung oder Kauf von Völkern, Fangen herrenloser Schwärme) und auch durch den natürlichen Bienenverflug oder Räuberei verbreitet.

Die Tracheenmilben und ihre Entwicklungsstadien durchstechen mit den Mundwerkzeugen die Tracheenwand und saugen Bienenblut. In den Tracheen erfolgt auch die Ablage der 5–7 Eier pro Weibchen, die an die Tracheenwand geklebt werden. Nach 3–4 Tagen schlüpfen die Nymphen und entwickeln sich innerhalb von zirka zwei Wochen zu erwachsenen Tieren. Die Begattung erfolgt in den Tracheen und die jungen Weibchen beginnen mit der Eiablage. Nach ein paar Generationen wandern begattete Weibchen aus den Tracheen aus, klettern auf ein Bienenhaar und steigen bei der Berührung mit einer anderen Biene auf diese um.

Die begatteten Milbenweibchen befallen vorzugsweise die frisch geschlüpften Jungbienen. Mit jedem Lebenstag nimmt die Anfälligkeit der Jungbienen gegenüber einer Tracheenmilbeninfektion ab. Bienen, die älter als neun Tage sind, werden praktisch nicht mehr befallen. Die Milben finden ihren Weg in die Tracheen mit Hilfe des Atemluftstromes, der ihnen den Weg weist.

> Der Anteil befallener Bienen schwankt im Laufe eines Jahres sehr stark. Im Verlauf des Sommers geht die Infektion durch den ständigen Nachschub an Jungbienen und den verstärkten Verlust befallener Trachtbienen immer weiter zurück.

Erst mit dem Entstehen der langlebigen Winterbienen steigt die Überlebensrate der Tracheenmilbe wieder an und sie kann sich wieder stärker im Volk ausbreiten. Ein verstärktes Auftreten ist immer in schlechten bis mäßigen Trachtgebieten und bei hoher Bienendichte zu beobachten.

Schaden
Befallene Winterbienen werden geschwächt und sterben früher als unbefallene. Dadurch schwinden die Völker im Frühjahr stärker als normal,

fliegen sich kahl und sterben bei stärkerem Befall häufiger ab als unbefallene Völker.

Bei starkem Befall wird das Volk sehr unruhig. Ein Teil der befallenen Bienen wird flugunfähig und man sieht bei den ersten Reinigungsflügen im Frühjahr Bienen mit seltsam verdrehten Flügeln auf dem Boden herumkrabbeln oder umherhüpfen.

> Durch die Verletzungen, die im Zuge der Saugtätigkeit entstehen, werden Eintrittspforten für andere Krankheitserreger geschaffen. Untersuchungen an milbenbefallenen Völkern haben gezeigt, dass in allen erkrankten Bienen mit sichtbaren Krankheitsanzeichen das Chronische Bienenparalyse-Virus nachweisbar war. In den offensichtlich gesunden Bienen ließ sich hingegen kein Virusbefall nachweisen.

Bekämpfung

Unter natürlichen Bedingungen fördern gute Trachtbedingungen den Abgang befallener Altbienen und es können sich nur wenige Milben bis zur Entstehung der Winterbienen in den Völkern halten. Wie die Praxis gezeigt hat ist in den Gebieten, in denen die Tracheenmilbe bereits seit langer Zeit vorkommt, eine völlige Tilgung der Seuche kaum möglich.

> Im Zuge der medikamentösen Varroabehandlung ist es auch zu einem spürbaren Rückgang nachgewiesener Fälle von Tracheenmilbenbefall gekommen, da einige der gegen die Varroamilbe eingesetzten Medikamente auch gegen die Tracheenmilbe wirken.

Wie Versuche gezeigt haben, führt die zur Varroabekämpfung eingesetzte Ameisensäure auch zu einer Reduktion der Tracheenmilbe. In Gebieten mit Tracheenmilbenbefall sollte daher der Ameisensäure – als Mittel zur gleichzeitigen Behandlung beider Milbenarten – verstärkte Aufmerksamkeit geschenkt werden.

Viruserkrankungen

Allgemeines

Viren sind Organismen, die aus Erbsubstanz (Desoxyribonukleinsäure oder DNS bzw. Ribonukleinsäure oder RNS) und einer Proteinhülle bestehen und zu ihrer Vermehrung auf lebende Wirtszellen angewiesen sind. Der Stoffwechsel der Wirtszelle wird durch das Virus so verändert, dass die Wirtszelle Virusteilchen produziert, solange sie lebt. Befallene

Wirtszellen sterben nach einer gewissen Zeit ab und bei ihrem Zerfall werden die Viruspartikel freigesetzt.

Durch ihre Kleinheit sind Viren nur mit Hilfe eines Elektronenmikroskopes sichtbar. Ihre Gestalt kann sehr unterschiedlich sein: quader-, kristall-, stäbchenförmig, kugelig, oval usw.

Neben vielen anderen Lebewesen können auch die Bienen von verschiedenen Viren befallen werden.

Wirksame Heilmittel gegen Viruserkrankungen bei Bienen gibt es jedoch nicht.

> Das Auftreten und die krankheitsauslösende Wirkung der bienenpathogenen Viren kann nur zum Teil durch die Auslese resistenter Bienenstämme und pflegliche Maßnahmen der Bienenvölker beeinflusst werden. In den meisten Fällen kann der Imker nur abwarten, wie sich das virusbefallene Volk weiterentwickelt, oder dieses Volk auflösen.

Chronische Bienenparalyse
Erreger
Chronische Bienenparalyse-Virus (abgekürzt CBPV). Es ist der Verursacher der ansteckenden Schwarzsucht.

Diagnose
Flugunfähige, krabbelnde Bienen mit aufgetriebenem Hinterleib und mehr oder weniger fehlender Körperbehaarung (= Schwarzsucht) vor den Fluglöchern. Honigblase oft mit Flüssigkeit gefüllt.

Biene mit wenig Körperbehaarung (Schwarzsucht)

Verbreitung, Lebensweise, Infektions- und Ausbreitungswege
Vermutlich weltweit!

Dieses Virus ist weit verbreitet und findet sich auch in scheinbar gesunden Bienenvölkern. Man nimmt heute an, dass ein beträchtlicher Teil des „natürlichen Totenfalles" durch dieses Virus verursacht wird, da es sich in den meisten in Standnähe aufgefundenen toten Bienen nachweisen lässt. In unregelmäßigen Intervallen und zu verschiedenen Zeitpunkten (Frühjahr bis Herbst) kann es auch seuchenhaft auftreten. Selten sterben Völker ab. Meist kommt es nur zu einer Schwächung der Völker. Die Viruspartikel sind von unterschiedlicher Größe und Form. Das Virus dürfte vorwiegend über Wunden in der Außenhaut der Bienen (= Cuticula), die von abgebrochenen Haaren und Borsten herrühren, eindringen.

Es werden verschiedene Körperteile der Biene, darunter auch die Kopfdrüsen, der Fettkörper, das Nervensystem und das Gehirn, befallen. Erst wenn die Nervenzentren der Bienen befallen sind, treten die typischen Lähmungserscheinungen auf. Zahlreiche Viruspartikel finden sich auch in der aufgequollenen Honigblase und im Pollen, der von paralysekranken Völkern gesammelt wird.

Bei dieser Viruserkrankung können zwei Erscheinungsformen auftreten:

Typ 1: Zitterbewegungen der Flügel und des Bienenkörpers, Flugunfähigkeit, Bienen krabbeln oft zu Tausenden auf dem Boden oder auf Grashalmen. Häufig sitzen sie auch zusammengedrängt auf den Rähmchenoberleisten in der Beute und machen einen apathischen, gelähmten Eindruck. Der Hinterleib ist durch die mit Flüssigkeit gefüllte Honigblase prall und aufgetrieben. Erkrankte Bienen sterben innerhalb weniger Tage.

Typ 2: Die erkrankten Bienen verlieren ihre Körperbehaarung und erscheinen dann schwarz („Schwarzsucht") und glänzend mit einem aufgetriebenen, relativ breiten Abdomen und sind zu Beginn der Erkrankung noch flugfähig. An den Fluglöchern werden sie von den Wächterbienen attackiert. Innerhalb weniger Tage werden sie jedoch flugunfähig und zittrig und sterben ab.

Typ 1 und 2 können nebeneinander in einem Volk vorkommen, häufig überwiegt aber eine Form der Erkrankung.

Therapie
Keine.
   Es scheint jedoch eine gewisse erbliche Veranlagung für diese Erkrankung zu geben.

Akute Bienenparalyse

Erreger
Akute Bienenparalyse-Virus (abgekürzt: ABPV)

Diagnose
Zitterbewegungen, Lähmungserscheinungen, Bienen sterben innerhalb von 2–3 Tagen.

Lebensweise, Infektions- und Ausbreitungswege
Es ist in den Brustspeicheldrüsen, aber auch in Pollenhöschen befallener Bienen nachweisbar.
   Das Akute Bienenparalyse-Virus findet sich weit verbreitet, aber in sehr geringer Menge, auch in scheinbar gesunden Bienen und scheint unter natürlichen Bedingungen keinen Schaden anzurichten.

In Verbindung mit anderen Krankheitserregern (Varroamilbe) tritt es verstärkt auf und es kann zu Volkszusammenbrüchen kommen.

> Da inzwischen nachgewiesen wurde, dass die Varroamilbe das Akute Bienenparalyse-Virus von Biene zu Biene übertragen kann, besteht mit großer Wahrscheinlichkeit ein Zusammenhang zwischen dem Virusbefall und der Stärke des Varroabefalles.

In Deutschland wurde das Akute Bienenparalyse-Virus in solcher Menge in varroabefallenen Bienenpuppen gefunden, dass es als Todesursache angesehen werden kann. Die Zersetzung der abgestorbenen Puppen erfolgte dann durch eine Reihe unspezifischer Bakterien und mit den typischen Symptomen der Europäischen Faulbrut. *Melissococcus plutonius,* der Erreger der Europäischen Faulbrut, konnte jedoch nicht nachgewiesen werden. Man muss daher annehmen, dass bei starkem Varroabefall das Akute Bienenparalyse-Virus wesentlichen Anteil am Tod der Bienenvölker hat. Ähnliches gilt auch für das Flügeldeformationsvirus.

Eine Vorbeugung kann nur darin bestehen, den Varroabefall möglichst gering zu halten, um die Varroamilbe als Virusüberträger auszuschalten.

Flügeldeformationsvirus
Erreger
Deformed wing virus (abgekürzt: DWV)

Diagnose
Als klinische Symptome werden in Kombination mit Varroabefall oftmals Bienen mit verkrüppelten Flügeln, aufgeblähtem, verkürztem Hinterleib und Farbveränderungen beobachtet.

Lebensweise, Infektions- und Ausbreitungswege
Das Flügeldeformationsvirus befällt die Europäische Honigbiene (*Apis mellifera*) und führt bei Übertragung durch die ektoparasitische Varroamilbe (*Varroa destructor*) zu klinischen Befallssymptomen und zum Zusammenbruch der Bienenvölker. Ohne Varroamilbenbefall führt die Infektion mit diesem Virus zu keinen sichtbaren Symptomen, was den Schluss zulässt, dass die von Varroamilben unabhängige Übertragung zu Latenzinfektionen führt.

In infizierten Bienen findet sich die größte Zahl an Viren im Kopf und Hinterleib, im Brustbereich sind deutlich weniger Viren anzutreffen. Eine Virusübertragung kann auf verschiedene Arten erfolgen (durch Varroamilben, bei der Fütterung sowie über Ei- oder Samenzellen. Es wurde

Biene mit verkrüppelten Flügeln durch DWV

auch eine Virusvermehrung in Varroamilben nachgewiesen. Bienen mit Symptomen haben eine stark verkürzte Lebensdauer von weniger als 48 Stunden und werden aus dem Volk entfernt.

Eine Vorbeugung kann nur darin bestehen, den Varroabefall möglichst gering zu halten, um die Varroamilbe als Virusüberträger auszuschalten. Da das Virus auch über Ei- bzw. Spermazellen befallener Königinnen bzw. Drohnen auf die Nachkommenschaft übertragen werden kann, sollten bei der Zucht nur möglichst virusfreie Zucht-, Pflege- und Drohnenvölker verwendet werden, in denen auch der Varroabefall durch geeignete Maßnahmen laufend niedrig gehalten wird. Damit wird das Ansteckungsrisiko weiter reduziert.

Andere Bienenviren

Drei weitere Virusarten finden sich häufig in Bienen, die an Nosema erkrankt sind und dürften ganz wesentlich zu den oft unterschiedlichen Ausprägungsformen der Nosemaerkrankung beitragen. Es sind dies das Schwarze Königinnenzellenvirus (BQCV), das Fadenvirus (FV) und das Bienenvirus Y (BVY). Eine starke Vermehrung des Fadenvirus führt zu einer milchig-trüben Verfärbung des Blutes infizierter Bienen.

Die starke Vermehrung dieser drei Virusarten dürfte mit der Schädigung der Darmschleimhaut durch den Nosemaparasiten zusammenhängen, da der Darm für diese Viren den wichtigsten Infektionsweg darstellt.

In stark amöbenbefallenen Bienen findet sich häufig das Bienenvirus X (BVX). Es tritt nur im Verlauf des Winters in Erscheinung und kann die Lebensdauer der Bienen verkürzen.

Neben den bisher genannten gibt es noch eine ganze Reihe von Viren, die bei Bienen bisher gefunden wurden. Über die möglichen krankheitsauslösenden Eigenschaften ist man sich aber in vielen Fällen noch unklar (z. B. Israelisches Akute Bienenparalyse-Virus).

Sackbrut
Siehe Seite 169.

Die Sackbrut wurde bereits unter den ansteckenden Krankheiten der Bienenbrut ausführlich behandelt.

Nicht ansteckende Schwarzsucht

Neben der durch Viren hervorgerufenen ansteckenden Schwarzsucht (siehe Seite 184) gibt es noch andere Formen der Schwarzsucht, die z. B. durch Räuberei oder eine Vergiftung auftreten können.

Auch eine erbliche Form der Schwarzsucht kommt vor: In diesem Fall schlüpft ein Teil der Bienen mit normal ausgebildeter Körperform, aber

Sackbrutbefallene Bienenmade

ohne Haare, aus den Zellen. Betroffene Bienen haben eine verkürzte Lebenserwartung und betroffene Völker einen verringerten Ertrag. Eine Umweiselung löst das Problem.

> Eine weitere mitunter sehr schwere Form der Schwarzsucht wird als „Waldtrachtkrankheit" bezeichnet: Dabei können im Verlauf einer guten Honigtautracht vor allem die Sammelbienen ihr Haarkleid verlieren und sie erscheinen dann schwarz und kleiner als normale Bienen.

An den Fluglöchern wird ein Teil der schwarzsüchtigen Bienen von den Wächtern abgestochen und es sind Beißereien zu beobachten. Es können mitunter auch Massen von toten Bienen vor den Fluglöchern liegen, ohne Anzeichen eines Haarausfalles zu zeigen. Die Honigblasen dieser Bienen sind aufgetrieben und mit einer klaren Flüssigkeit gefüllt.

Die genaue Ursache dieser Erkrankung ist noch weitgehend ungeklärt. Vermutet wird unter anderem ein Zusammenhang mit dem hohen Mineralstoffgehalt des Honigtaues, aber auch mit bienenschädlichen Zuckerarten.

In allen Fällen, in denen sich auch das Chronische Bienenparalyse-Virus in den betroffenen Bienen nachweisen ließ, ist aber eine Abgrenzung zur ansteckenden Schwarzsucht nicht mehr zu treffen.

Werden die Völker aus der Waldtracht verstellt, erholen sie sich in kurzer Zeit wieder und die Krankheitssymptome verschwinden.

Blutkrankheiten

Das Blut frisch geschlüpfter und gesunder Bienen ist wasserklar und enthält keine Mikroorganismen. Mit zunehmendem Alter der Bienen gelingt es jedoch verschiedenen Krankheitskeimen, in die Leibeshöhle der Bienen einzudringen und sich im Bienenblut zu vermehren. Die Hämolymphe färbt sich dadurch milchig-trüb. Bei den nachgewiesenen Bakterien handelt es sich einerseits um bisher ausschließlich in Bienen gefundene Erreger und andererseits auch um solche, die in der Natur weit verbreitet sind und offensichtlich über Verletzungen der Bienenhaut, über die Tracheen oder mitunter auch über den Verdauungstrakt in die Biene gelangt sind. Die krankheitsauslösenden Eigenschaften der meisten bisher gefundenen Erreger sind noch weitgehend unklar.

> Vermehren sich die eingedrungenen Erreger massenhaft im Bienenblut und der Leibeshöhle, kommt es zu Schäden an den Bienen und man spricht von einer „Septikämie" (= Blutvergiftung) der Bienen.

Durch die Verletzungen der Cuticula, die bei Varroa- und Tracheenmilbenbefall entstehen, erhöht sich die Wahrscheinlichkeit einer Sekundärinfektion mit Bakterien und Viren.

Erreger
Pseudomonas apisepticus [Burnside] und andere Erreger.

Diagnose
Durch die verschiedenen beteiligten Bakterienarten sehen auch die Krankheitssymptome unterschiedlich aus und sind eher allgemeiner Art: Bienenblut milchig-trüb, erhöhter täglicher Bienenabfall, hinausgezerrte Bienen und Brut, Brutschäden wie bei Faulbrutinfektionen, jedoch ohne faulige Zersetzung der Brut, lückenhaftes Brutnest, Bienen „rieseln" bei der Wabenentnahme von der Wabe, Beißereien mit erkrankten Bienen, Krabbler mit Flügelzittern, matte Bewegungen von Bienen, die vor dem Stand herumliegen, Haarausfall, Hinterleib aufgetrieben.

Bienen zerfallen bereits bei leichter Berührung in ihre Bestandteile. Der Erreger, *Pseudomonas apisepticus* [Burnside], verursacht einen Muskelzerfall bei der Biene. Dadurch verlieren der Körper und seine Gliedmaßen den Zusammenhalt und die Bienen zerfallen.

Nachweis und Identifizierung der beteiligten Erreger lassen sich nur im Labor durch Untersuchung eines Blutausstriches (Kultur auf verschiedenen Nährböden und bei verschiedenen Bedingungen, verschiedene Färbeverfahren und mikroskopische Betrachtung) durchführen.

Das Blut bakterienbefallener Bienen zeigt eine milchige Trübung.

Therapie
Ausmerzung der am stärksten verseuchten Völker und anschließende Desinfektion der Beuten.

> Da es keine gezielte Therapie gibt, kann man nur danach trachten, Primärkrankheiten weitestgehend auszuschalten und warme, sonnige Standplätze zu bevorzugen.

An schattigen, feuchten Plätzen scheint die Krankheit verstärkt aufzutreten. Ein Vitaminstoß von 2–3 l Futterlösung auf der Basis von Vitamin C, literweise hintereinander verabreicht (auf 1 l Futter den Saft einer Zitrone und 250 mg Ascorbinsäure), soll sich positiv auf erkrankte Völker ausgewirkt haben.

Tierische und pilz-
liche Schädlinge
im Bienenvolk

Allgemeines

In den Bienenwohnungen und auf dem Wabenbau leben Vertreter einer ganzen Reihe von Tiergruppen (Milben, Fliegen, Käfer, Schmetterlinge u. a.). Sie ernähren sich einerseits von den Abfallprodukten des Bienenvolkes (Gemülle) und andererseits auch vom Wabenbau und dem darin gespeicherten Pollen. Für den Imker stellen sie somit entweder harmlose Mitbewohner der Bienen oder ernst zu nehmende Schädlinge (Wachsmotten, Pollenmilben) dar, die es zu bekämpfen gilt, will man beispielsweise nicht den Verlust der gesamten Vorratswaben riskieren.

Wachsmotten

Die zu den nachtaktiven Schmetterlingen gehörende Große (*Galleria mellonella L.*) und Kleine (*Achroea grisella* [Fabr.]) Wachsmotte sind die größten Schädlinge des Wabenbaues und der Vorratswaben des Imkers.

Ihre gefräßigen Larven („Rankmaden") können innerhalb weniger Wochen auch große Wabenvorräte vollständig zerstören. Daneben können sie auch noch als Überträger von Bienenseuchen, wie zum Beispiel von Amerikanischer Faulbrut, eine Rolle spielen.

Hauptnahrungsquelle für die Larven sind dabei Kot- und Kokonreste
sowie der in den Waben befindliche Pollen.

Besonders gefährdet sind alle bebrüteten Waben außerhalb des Bienenstockes, die luftdicht verschlossen aufbewahrt sind und in denen sich
die Wachsmotten völlig ungestört entwickeln können. Jungfernwaben
werden nur sehr selten befallen. In den Bienenvölkern entziehen sich die
Wachsmottenlarven dem Bienenzugriff durch Flucht in unzugängliche Ritzen und Löcher. Zur Varroadiagnose eingelegte Gitter müssen regelmäßig entfernt und die darauf befindlichen Gemüllereste vernichtet werden, will man nicht eine Wachsmottenzucht in den Völkern betreiben.

Große Wachsmotte

Lebensweise

Die Wachsmottenweibchen legen eine große Anzahl von Eiern in Ritzen
im Bienenstock und Wabenschrank ab, aus denen dann die Larven
schlüpfen. Im Bienenstock halten sich die Junglarven gerne im Gemülle
am Bodenbrett auf, von wo sie dann auf die Waben überwechseln. Wenn
Larven der Kleinen Wachsmotte in der Mittelwand minieren, wird oft die
Brut etwas hochgehoben („Röhrchenbrut"). Werden die Zelldeckel an solchen Stellen geöffnet, findet sich meist eine dicke Rankmade darunter.
Fressen die Rankmaden und die Bienen die Zelldeckel an diesen Stellen
weg, liegen die Puppen frei in den Zellen und man spricht von „Kahlbrut". Manche der aus solchen Zellen schlüpfenden Bienen weisen verkümmerte Hinterbeine, mitunter auch einen angefressenen Hinterleib
auf.

Kleine Wachsmotte

Während die Larven der Kleinen Wachsmotte einzelne Gänge durch
die Waben fressen, bilden die Larven der Großen Wachsmotte richtige Nester aus, in denen die Waben komplett aufgefressen und
durch ein dichtes Gespinst verfilzt werden.

*Raupengespinst der
Großen Wachsmotte*

*„Kahlbrut" durch Larven
der Kleinen Wachsmotte*

Durch Große Wachsmotte völlig zerstörte Wabe

Zur Verpuppung fressen sich die Larven der Großen Wachsmotte meist eine Puppenwiege in das Holz der Rähmchen oder der Beute und spinnen einen sehr zähen Puppenkokon. Die Puppen liegen in dichten Gruppen neben- und übereinander. Die Kleine Wachsmotte verpuppt sich einzeln in den Bohrgängen der Wabe.

Die Gesamtentwicklungszeit beträgt im Sommer bei der Großen Wachsmotte sechs, bei der Kleinen Wachsmotte zwölf Wochen.

Erwachsene Tiere haben verkümmerte Mundwerkzeuge und nehmen keine Nahrung mehr auf.

Vorbeugung und Bekämpfung

- **Reinigung des Bodenbrettes** im Frühjahr vom Gemülle, da sich darin zahlreiche Larven befinden
- **keine Wachsreste** herumliegen lassen
- **Schwefeln der Waben:** Dabei werden in den geschlossenen Wabenschränken oder in „Zargentürmen" Schwefelstreifen abgebrannt. Das entstehende Schwefeldioxid tötet nur die Schmetterlinge und die Larven, nicht aber die Eier ab. Das Schwefeln der Waben ist daher mehrmals im Abstand von zirka drei Wochen zu wiederholen. Wegen der Brandgefahr dürfen die Schwefelschnitten nur in eigenen Gefäßen („Schwefeltöpfen") abgebrannt werden. Vor der Verwendung sind frisch behandelte Waben mindestens einen Tag zu lüften.
- **Essigsäure:** Dämpfe der Essigsäure töten Eier und Schmetterlinge rasch ab. Größere Maden, speziell wenn sie bereits eingesponnen sind, besitzen eine größere Widerstandskraft, und es dauert länger bis zu ihrer Abtötung.
- **Wärmebehandlung:** Das Erwärmen der Waben für 24 Stunden auf 49 °C bei 50 % relativer Luftfeuchtigkeit tötet alle Stadien der Wachsmotten ab.
- **Tiefkühlung** für einige Stunden hat den gleichen Effekt wie eine Wärmebehandlung
- **Wabenkühlung:** Diese Methode hat sich bestens bewährt und erspart jegliche chemische Wachsmottenbekämpfung. Dazu werden die Waben in einem Kühlraum unter 10 °C gelagert. Bei dieser Temperatur kommen die Entwicklung der Eier und Larven und damit auch die Fraßtätigkeit zum Stillstand. Eine Abtötung von Eiern und Larven erfolgt aber nicht.

Große Wachsmotte – Kokons und in das Holz genagte Puppenwiegen

Bienenlaus

Die Bienenlaus (*Braula coeca* [Nitzsch]) ist zirka 1,5 mm groß und stammesgeschichtlich mit den Fliegen verwandt.

Die erwachsenen Bienenläuse sind flugunfähige Insekten, die vorzugsweise auf Arbeiterinnen und Königinnen, selten auch auf Drohnen anzutreffen sind. Auf Königinnen halten sich oft viele Bienenläuse gleichzeitig auf. Bei der gegenseitigen Fütterung der Bienen nascht auch die Bienenlaus mit.

Die Eier werden meist auf die Innenseite der Honigzelldeckel abgelegt. Die Larven minieren in den Zelldeckeln und verpuppen sich auch dort. Die Bohrgänge sind als feine weiße Gänge erkennbar.

Für das Bienenvolk sind die Bienenläuse unschädlich. Bei sehr zahlreichem Auftreten ist aber eine gewisse Leistungsverringerung der Königin durch die andauernde Störung nicht auszuschließen.

Bienenlaus

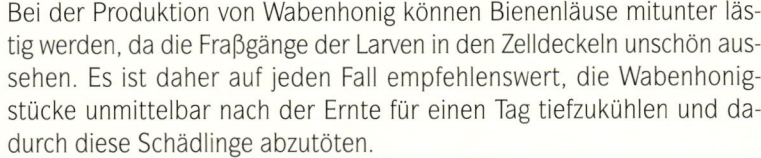

Gezielte Bekämpfungsmaßnahmen sind im Allgemeinen nicht erforderlich. Einige Varroabekämpfungsmittel wirken ebenfalls gegen die Bienenlaus, sodass mit der regelmäßigen Varroabehandlung ein Rückgang des Bienenlausbefalles feststellbar war.

Bei der Produktion von Wabenhonig können Bienenläuse mitunter lästig werden, da die Fraßgänge der Larven in den Zelldeckeln unschön aussehen. Es ist daher auf jeden Fall empfehlenswert, die Wabenhonigstücke unmittelbar nach der Ernte für einen Tag tiefzukühlen und dadurch diese Schädlinge abzutöten.

Gleichzeitig werden auch vorhandene Wachsmotteneier oder Wachsmottenlarven abgetötet.

Mäuse

Vor allem die Insekten fressenden Spitzmäuse können in Bienenvölkern einigen Schaden anrichten. Zur Überwinterung dringen sie gerne in die Bienenstöcke ein und beunruhigen während des ganzen Winters das Bienenvolk.

Sehr oft gehen solche Völker im Frühjahr dann an Ruhr oder Nosema zugrunde.

Die Spitzmäuse fressen nur die Brustmuskeln aus dem Brustkorb der Biene heraus. Kopf, Flügel und Beine sowie die ausgehöhlten Brustabschnitte findet man haufenweise auf dem Bodenbrett, sie sind ein sicheres Zeichen für einen Spitzmausbefall.

Fluglochrechen als Mäuseschutz

Abhilfe schafft ein Fluglochkeil mit einer Durchgangshöhe von maximal 5 mm oder ein entsprechendes Mäusegitter. Die Einlage des Mäuseschutzes sollte ab September erfolgen.

Dadurch wird den Spitzmäusen das Eindringen in die Bienenstöcke unmöglich gemacht und die Winterruhe der Bienenvölker bleibt ungestört.

Pollenmilben

In den Bienenvölkern lebt eine Anzahl verschiedener Milbenarten. Sie finden sich auf den Bienen, im Gemülle, am Bodenbrett und auch auf Pollenwaben und ernähren sich entweder räuberisch von anderen Milben oder vom eingetragenen Pollen und Gemülleresten. Die Pollen fressenden Milben können im Wabenschrank die Pollenzellen der Vorratswaben in ein feines, gelbes und für die Bienen wertloses Pulver verwandeln.

Bekämpfung

Trockene Lagerung sowie Schwefeln oder Essigsäurebegasung der Waben verringern den Befall bzw. töten die Milben ab.

Pollenschimmel

Der in den Waben gespeicherte Pollen kann bei hoher Luftfeuchtigkeit und niedriger Temperatur (Beispiel Randwaben im Wintervolk, Pollenwaben im Wabenlager) vom Pollenschimmel *Bettsia alvei* (= *Ascosphaera alvei* BETTS.) befallen und damit für die Bienen wertlos, u. U. sogar gesundheitsschädlich werden. Durch die Pilzfäden bildet der Pollen feste, weiße, mumienartige Pfropfen, die mit Kalkbrutmumien ver-

Vorratswabe mit Pollenmilben- und Pollenschimmelbefall

wechselt werden können. Entstehende Fruchtkörper färben die Pfropfen schwarz. Diese Pfropfen werden von den Bienen aus den Zellen entfernt und finden sich dann am Boden- und Flugbrett.

Vorbeugung und Bekämpfung
Schwefeln der Waben oder eine Begasung mit Essigsäure (siehe Nosema) verhindern die Entwicklung des Pilzes auf den Vorratswaben.

Wabenschimmel

Vom Wabenschimmel betroffen sind vorwiegend unbelagerte Randwaben der Wintervölker oder feucht gelagerte Vorratswaben. Verursacher sind verschiedene sehr weit verbreitete Schimmelpilze, die organische Überreste auf den bebrüteten Waben als Nahrung verwerten. Befallene Waben werden von den Bienen nur ungern geputzt und angenommen. Sie sollten daher aus den Völkern entfernt und eingeschmolzen werden.

Bekämpfung
Im Winter Fluglöcher der Beuten über die ganze Breite öffnen. Leere und unbesetzte Randwaben bei der Einwinterung entfernen.

Kleiner Bienenstockkäfer
(*Aethina tumida*)

> **Anzeigepflichtig! Gemäß Bienenseuchengesetz ist beim Nachweis oder Verdacht auf diesen Schädling Anzeige beim Amtstierarzt zu erstatten.**

Kleiner Bienenstockkäfer mit Bienen

Geschichtliches
Der Kleine Bienenstockkäfer kam ursprünglich in Afrika südlich der Sahara in tropischen und subtropischen Zonen vor. Dort gilt er als unwichtiger Bienenschädling, da die afrikanischen Bienen ein starkes Abwehrverhalten gegen den Käfer haben. Über bisher ungeklärte Wege hat er sich neuerdings weit darüber hinaus ausgebreitet (Ägypten, USA, Kanada, Australien).

Lebensweise
Der Käfer ist sehr gut flugfähig und kann aus eigener Kraft mehrere Kilometer zurücklegen. Die Bienenvölker werden aktiv aufgesucht. Die Käferweibchen, die sogar von den Bienen gefüttert werden, legen ihre zahlreichen Eier in unzugängliche Ritzen und Spalten des Bienenstockes ab.

*Larven des Kleinen
Bienenstockkäfers*

Daraus schlüpfen Larven, die sich durch den Wabenbau bohren und dabei Eier, Larven, Pollen und Honig fressen. Zur Verpuppung verlassen die erwachsenen Larven den Bienenstock und graben sich im Boden ein. Nach einigen Wochen schlüpfen die Jungkäfer, die nach der Paarung erneut Bienenvölker aufsuchen. Selbst strenge Winter überstehen die Käfer, indem sie sich in der Wintertraube der Bienen aufhalten.

Schadwirkung

Durch ihre Fraßtätigkeit werden die Waben zerstört, der Honig rinnt aus und wird durch die Larvenexkremente gärig. Große Schäden können auch an Honigwaben entstehen, die nicht gleich geschleudert werden können und einige Zeit in warmen Räumen zwischengelagert werden. In der Praxis hat sich gezeigt, dass der Käfer zur Vermehrung besonders schwache Völker und bienenleere Waben bzw. Wachsreste aufsucht. Er kann aber auch ohne Bienen auf verschiedenen Früchten überleben und sich darauf vermehren.

Bekämpfung

In den USA werden außerhalb des Bienenstockes Bodeninsektizide zur Abtötung der Käfer, Larven und Puppen verwendet. Im Bienenstock erfolgt die Bekämpfung mit Kontaktstreifen (Checkmite®: Wirkstoff Coumafos), die auch zur Varroabekämpfung verwendet werden. Auch das Einfrieren der Waben tötet die Käfer ab. Da eine Ausrottung kaum mehr gelingt, wird in Europa versucht, durch entsprechende veterinärrechtliche Maßnahmen die Einschleppung dieses gefährlichen Schädlings möglichst lange zu verhindern.

Tropilaelapsmilbe
(*Tropilaelaps* spp.)

Anzeigepflichtig! Gemäß Bienenseuchengesetz ist beim Nachweis oder Verdacht auf diesen Schädling Anzeige beim Amtstierarzt zu erstatten.

Geschichtliches

Die an Bienenbrut parasitierenden Milben der Gattung *Tropilaelaps* haben ihre Verbreitung in Asien (Iran bis Neuguinea). Bisher wurden vier Arten bekannt: *T. clareae, T. koenigerum, T. thaii, T. mercedesae*. Ihre ursprünglichen Wirte waren die Bienenarten *Apis dorsata, A. laboriosa, A. cerana, A. florea*. Da die Beschreibung der Arten und ihre Zuordnung zu den asiatischen Bienenarten noch in Arbeit sind, kann es in den nächsten Jahren durchaus noch zu weiteren Überraschungen kommen.

Durch den Kontakt mit der eingeführten *A. mellifera* ist es *T. clareae*, *T. mercedeae* und *T. koenigerum* gelungen, auch diese Biene als Wirtsart zu nutzen.

Aussehen und Verhalten

Die Tropilaelaps-Weibchen sind längsoval und unterscheiden sich damit klar von den querovalen Varroamilben. Zwischen den verschiedenen Arten bestehen Unterschiede in der Größe von Männchen und Weibchen. Die Milben finden sich häufig zwischen Brust und Hinterleib, aber auch am Kopf der Bienen. Sie bewegen sich frei und rasch auf den Waben. Als Nahrungsquelle verwenden sowohl erwachsene Milben als auch Milbenlarven die Bienenbrut.

Vermehrung

Die Vermehrung findet sowohl in Drohnen- als auch in Arbeiterinnenzellen statt, wobei Drohnenbrut bevorzugt wird. Ein Mehrfachbefall einer Brutzelle – auch gemischt mit *Varroa* – kommt vor, wobei *Tropilaelaps* durch die kürzere Entwicklungszeit im Vorteil ist.

Varroamilben (oben) und Tropilaelapsmilbe (unten)

Die Muttermilbe legt 48 Stunden nach Zellverdeckelung Eier im Abstand von einem Tag in der Brutzelle ab. Die Larven saugen an der Bienenbrut. Die Gesamtentwicklungszeit vom Ei zur erwachsenen Milbe dauert sechs Tage. Meist findet sich ein Männchen mit mehreren Weibchen in der Zelle. Mit der Jungbiene schlüpfen *Tropilaelaps*-Männchen und Weibchen und suchen neue Brutzellen auf.

Ausbreitung

- von Volk zu Volk: Verflug, Räuberei, Schwärme
- zwischen Bienenständen: Umhängen, Verbringen befallener Waben und Bienen durch Imker
- weiträumig: internationaler Bienenhandel

Schadwirkung

Bei Einzelbienen: verkürzte Lebenszeit, geringeres Gewicht, Missbildungen, Flugunfähigkeit.

Das Volk zeigt ein unregelmäßiges Brutnest, abnormale Brutentwicklung mit absterbender Brut, durchlöcherte Zelldeckel (Bienen versuchen, befallene Zellen auszuräumen), Krabbler vor Flugloch, Verlust der Volksstärke und Zusammenbruch. Ein *A. mellifera*-Volk kann schon nach einem Befallsjahr absterben!

Natürliche Abwehrmechanismen bei asiatischen Bienen:
- Fluchtschwärme (= Absconding)
- Abwehrputzen: *A. dorsata* kann *Tropilaelaps*-Milben beißen und verletzen

Bekämpfungsmaßnahmen bei *A. mellifera*
- biotechnische Methoden + Brutunterbrechung (Milbe ist nur in Völkern mit Brut überlebensfähig)
- Königin käfigen – Brutpause
- gesamte Brut entfernen
- Einsatz von Varroabekämpfungsmitteln gegen *Tropilaelaps*
- Auch dabei sind die geltenden gesetzlichen Bestimmungen im jeweiligen Land der geplanten Anwendung zu beachten und es dürfen nur entsprechend legalisierte Präparate eingesetzt werden.

Bienen-vergiftungen

Allgemeines

Bienenvergiftungen können verschiedene Ursachen und auch ein unterschiedliches Erscheinungsbild haben.

Als wichtigste Vergiftungsursachen können angeführt werden:

Pflanzenschutzmaßnahmen

Kennzeichen einer Vergiftung durch Pflanzenschutzmittel

Meist schlagartig einsetzender, stark erhöhter Totenfall bei allen Völkern eines Bienenstandes. Oft sind auch benachbarte Bienenstände betroffen. Bienen mit zitternden, krampfartigen Bewegungen der Beine und Antennen vor den Fluglöchern. Oft sind die Flügel seltsam verdreht und die Bienen kreiseln schwirrend am Boden umher. Am Flugloch kommt es häufig zu Beißereien und Stechereien. Da bei akuten Vergiftungen in erster Linie Flugbienen betroffen sind, finden sich auch viele tote Bienen mit Pollenhöschen vor den Fluglöchern. Im Volk fallen schlecht besetzte Waben, verkühlte Brut und bienenleere Honigräume auf.

Bienenschaden durch insektizide Maisbeizmittel

Schleichende Vergiftungen, wie sie durch einige Mittel mit häutungshemmenden oder systemisch wirkenden Stoffen auftreten können, sind

*Bienenschaden durch
insektizides Maisbeizmittel*

*Bienenvergiftung durch
insektizide Maisbeizmittel
und andere insektizide
Wirkstoffe*

für den Imker oft nur schwer von anderen Bienenkrankheiten (Nosema, Malpighamöbe) abzugrenzen. Die Stärke des Bienentotenfalles ist in diesen Fällen auch nicht so stark erhöht wie bei akuten Vergiftungen. Wird vergifteter Pollen eingetragen, kann der erhöhte Totenfall auch längere Zeit andauern oder in Schüben auftreten. Betroffen sind dann vor allem Jungbienen nach der Aufnahme von Pollen. Zur Verhinderung von Bienenvergiftungen im Zuge von Pflanzenschutzmaßnahmen müssen alle Pflanzenschutzmittel vor der Zulassung auf ihre Bienengefährlichkeit geprüft werden. Entsprechend dem Prüfungsergebnis erfolgt dann die Einstufung. Im Rahmen des Zulassungsverfahrens wird die erforderliche Kennzeichnung auf der Pflanzenschutzmittelpackung festgesetzt, ebenso die für die sichere Anwendung einzuhaltenden Vorsichtsmaßnahmen. Details dazu können über das Internet aus dem Pflanzenschutzmittelregister abgerufen werden. Es enthält eine Suchfunktion, die es erlaubt z. B. nach dem Wirkstoff, dem Präparat, der Kulturart und anderen Kriterien zu suchen. Teil der Zulassungsbestimmungen sind auch die bei der Anwendung einzuhaltenden Vorschriften zum Schutz der Bienen.

Bosheitsakte

Frevelfälle durch bienenfeindliche Zeitgenossen (Nachbarn, Neidgenossen etc.) kommen leider immer wieder vor. Sind nur einzelne Völker oder ist nur ein Stand betroffen und wurden im Flugbereich der Bienen keine Pflanzenschutzmaßnahmen durchgeführt, ist stets der Verdacht auf einen Bienenfrevel gegeben.

Da das Gift meist auf das Flugbrett, die Beutenvorderfront oder durch das Flugloch in das Stockinnere gesprüht wird, finden sich oft auch viele tote Bienen in der Beute.

> Zur Beweissicherung sollten bei einem Verdacht auf einen Bosheitsakt neben den toten Bienen auch Beutenteile aus dem Fluglochbereich (Anflugbretter, Fluglochkeile) zur Rückstandsanalyse eingeschickt werden. Bienen und Beutenteile sind separat zu verpacken.

Liegt ein Bosheitsakt vor, lassen sich auf den Beutenteilen meist auch Rückstände von Schädlingsbekämpfungsmitteln nachweisen.

Industrieabgase

Meist schleichende Vergiftungen, die sich in einer stärkeren Krankheits-
anfälligkeit oder einer schlechten Entwicklung der Völker äußern können. Bei ungünstigen Witterungs- und Trachtbedingungen können mitunter auch akute Schäden mit starkem Totenfall beobachtet werden. Ein
sicherer Nachweis ist meist nur schwer zu erbringen. Die Aussichten auf
Schadenersatz sind daher in den meisten Fällen auch nur sehr gering.

Maßnahmen im Vergiftungsfall

Wichtig!

**Je mehr Zeit zwischen der Vergiftung und der Probenahme
bzw. der Rückstandsuntersuchung vergeht, desto geringer
sind die Aussichten, Rückstände nachweisen zu können. Um
Zersetzungs- und Abbauprozesse bei den gesammelten Proben zu verlangsamen bzw. zu unterbinden, wird eine tiefge-
kühlte Zwischenlagerung der Proben bis zur Einsendung
dringend empfohlen!**

**Will der Imker zu einem Schadenersatz kommen, sind folgende
Dinge unbedingt erforderlich:**

- Sicherung der Beweise: Fotodokumentation! Bis zur Aufnahme des
  Schadens durch die Polizei und den Bienensachverständigen darf
  am Bienenstand nichts verändert werden.
- Information des Gesundheitswartes, des Obmannes, des Verursachers (falls bekannt) als Zeugen beim Lokalaugenschein und Erstat-
  tung einer Anzeige (gegen Unbekannt, wenn der Verursacher nicht
  bekannt ist) bei der zuständigen Polizeidienststelle.
- Unverzügliche Aufsammlung einer ausreichend großen Probe ge-
  schädigter oder toter Bienen (idealerweise mindestens 100 g; ist
  nur eine geringere Menge verfügbar, kann auch diese für die Rückstandsuntersuchung ausreichen – möglicherweise muss allerdings
  der Untersuchungsumfang eingeschränkt werden). Rückstandsana-
  lysen können in bestimmten Fällen auch an Bienenbrot, Beutenteilen bzw. Pflanzenproben sinnvoll sein.
- Abklärung der erforderlichen Untersuchungen, Kontaktaufnahme
  mit einer Untersuchungsstelle und Klärung der anfallenden Kosten.

- Einsendung des Probenmaterials (möglichst rasch, wenn möglich tiefgekühlt bzw. in frischem Zustand bei persönlicher Überbringung).
- Die Probe ist in saugfähiges Material und drucksicher zu verpacken. Die separate Beilage von verdächtigem Pflanzenmaterial und das Vorhandensein von Pollenbienen (Pollenanalyse zur Ermittlung der beflogenen Kultur) können die Ausforschung des Verursachers erleichtern.
- Ausführliches Begleitschreiben mit Name und Telefonnummer des betroffenen Imkers und Angaben über: Tag der Probenahme, Tag der Spritzung, Anzahl der betroffenen Völker und sonstige wichtige Beobachtungen.
- Wenn möglich, fotografische Dokumentation des massenhaften Totenfalles.
- Erhebung, welche Kulturen in der Umgebung des Bienenstandes im fraglichen Zeitraum gespritzt wurden und welches Mittel verwendet wurde bzw. ob bei Kulturen im Flugkreis insektizide Granulate oder insektizidgebeiztes Saatgut angewendet wurden.
- Ließ sich der Verursacher ermitteln: Ermittlung der Schadenshöhe durch einen gerichtlich beeideten Sachverständigen des Österreichischen Imkerbundes zwecks Geltendmachung von Schadenersatzansprüchen. Nähere Auskünfte über die Abwicklung von Vergiftungsverdachtsfällen und mögliche Labors für Rückstandsuntersuchungen erteilen die bienenkundlichen Institute bzw. die Imkereiverbände. Da es bei Vergiftungsverdachtsfällen von Land zu Land unterschiedliche Regelungen bezüglich der formalen Vorschriften zur Probeneinsendung bzw. zur Kostenübernahme für Rückstandsuntersuchungen gibt, sollten dazu unbedingt Erkundigungen bei den bienenkundlichen Instituten bzw. den Imkerverbänden eingeholt werden. Die Kosten der Rückstandsuntersuchungen betragen pro Probe in der Regel einige 100 Euro. Diese sind grundsätzlich vom Einsender bzw. Auftraggeber zu bezahlen, sofern nicht eine Abdeckung im Rahmen eines Projektes oder über andere Stellen möglich ist.
- Kann ein Verursacher festgestellt und für den Schaden haftbar gemacht werden, kann der Einsender die Untersuchungskosten sowie allfällige Schadenersatzleistungen für die Bienenvölker und den angefallenen erhöhten Pflegeaufwand vom Verursacher bzw. dessen Haftpflichtversicherung zurückfordern.

Vermeidung von Bienenschäden

Auswahl eines sicheren Standplatzes und Kontaktaufnahme mit den Anrainern und Bauern in der Umgebung, um von geplanten Pflanzenschutzmaßnahmen rechtzeitig zu erfahren bzw. auf die Nützlichkeit der Bienen und die Möglichkeit der Verwendung bienenungefährlicher Mittel hinzuweisen.

Wanderimker sollten sich vor der Anwanderung der Zielkulturen unbedingt erkundigen, ob und welche Pflanzenschutzmaßnahmen noch geplant sind. Produziert die angewanderte Kultur außerhalb der Blütezeit auch Honigtau (Beispiel Pferdebohne), steigt – wie die Praxis gezeigt hat – die Gefahr von Spritzschäden stark an. Die Bauern können dann auch bienentoxische Mittel zur Blattlausbekämpfung einsetzen, sofern der Pflanzenbestand nicht von Bienen beflogen wird.

Pferdebohne: Bienen sammeln Honigtau

Literaturverzeichnis

ALLEN, M.F., BALL, B.V., WHITE, R.R., ANTONIW, J.F. (1986): The detection of acute paralysis virus in *Varroa jacobsoni* by the use of a simple indirect ELISA. Journal of Apicultural Research 25, S. 100–105

ANDERSON, D.L., MORGAN, M. J. (2007): Genetic and morphological Variation of beeparasitic *Tropilaelaps* mites (Acari: *Laelapidae*): new and re-defined species. Experimental. and Applied Acarology 43, S 1–24

BAILEY, L. (1981): Honey Bee Pathology. Academic Press, London

BALL, B. V. (1983): Der Zusammenhang zwischen *Varroa jacobsoni* und Viruserkrankungen der Honigbiene. Die Biene S. 119, 200–201

BALL, B. V. (1985): Acute paralysis virus isolates from honeybee colonies infested with *Varroa jacobsoni*. Journal of Apicultural Research 24, S. 115–119

BINDERNAGEL, J. (1982): Bienenkrankheiten leicht erkennen und behandeln. Salix Verlag, Bremen

BORCHERT, A. (1966): Die Krankheiten und Schädlinge der Honigbiene. Hirzel Verlag, Leipzig

CASAULTA, G., KRIEG, J., SPIESS, W. (Hrsg. 1989): Der Schweizerische Bienenvater. Verlag Sauerländer, Aarau

DANY, B. (1983): Pollensammeln heute. Ehrenwirth Verlag, München

DANY, B. (1989): Rund um den Blütenpollen Ehrenwirth Verlag, München

DE RUUTER, A., VAN DER STEEN J. (1989): Waben desinfizieren mit Essigsäure (96 %) gegen Nosema. Apidologie 20, S. 503–506

FOSSEL, A. (1960): Die Fichtentracht. Bienenvater 81, 204–229

GENERSCH, E., OTTEN Ch. (2003): The use of repetitive element PCR fingerprinting (rep-PCR) for genetic subtyping of German field isolates of *Paenibacillus larvae* subsp. *larvae*. Apidologie, 34, S. 195–206

GENERSCH, E, ASHIRALIEVA A., FRIES I. (2005): Strain- and genotype-specific differences in virulence of *Paenibacillus larvae* subsp. *larvae,* a bacterial pathogen causing American Foulbrood disease in honeybees. Applied Environ. Microbiol., 71, 7551–7555

GENERSCH, E., FORSGREN, E., PENTIKÄINEN, J.., ASHIRALIEVA, A., RAUCH, S., KILWINSKI, K., FRIES, I. (2006): Reclassification of *Paenibacillus larvae* subsp. *pulvifaciens* and *Paenibacillus larvae* subsp. *larvae as Paenibacillus larvae* without subspecies differentiation. Int. J. of Systematic and Evolutionary Microbiology, 56, S. 501–511

HEROLD, E. (1982): Heilwerte aus dem Bienenvolk. Ehrenwirth Verlag, München

HEROLD, E., WEISS, K. (1985): Neue Imkerschule. Ehrenwirth Verlag, München

HORN, H., LÜLLMANN, C. (1992): Das große Honigbuch. Ehrenwirth Verlag, München

KLEE, J. et al. (2007): Widespread dispersal of the microsporidian *Nosema ceranae,* an ermergent pathogen of the western honey bee, *Apis mellifera*. J. Invert. Pathology 96, S. 1–10

KLOFT, W., KUNKEL, H. (1985): Waldtracht und Waldhonig in der Imkerei. Ehrenwirth Verlag, München

KOCH, W., RITTER, W. (1990): Auswirkungen des Varroabefalls auf die Bienenbrut. Allgemeine Deutsche Imkerzeitung 2, S. 11–14

KÖNIG, B., DUSTMANN, J. (1985): Fortschritte der Celler Untersuchungen zur antivirotischen Aktivität von Propolis. Apidologie 16, S. 228

LIEBIG, G. (1986): Varroa-Leitfaden. Landesverband Württembergischer Imker

LIEBIG, G. (1986): Anleitung zur Beobachtung der Waldtracht. Landesverband Württembergischer Imker

LONCARIC, I., DERAKHSHIFAR, I., KÖGLBERGER, H.,

MOOSBECKHOFER, R., MARTIN, R., HIGES, M., MEANA, A. (2007): First report of *Nosema ceranae* in colonies of *Apis mellifera* in Austria. Posterbeitrag, Tagung der Arbeitsgemeinschaft Deutscher Bieneninstitute, Veitshöchheim

MARTIN-HERNANDEZ, R. et al. (2007): Outcome of Colonization of *Apis mellifera* by *Nosema ceranae.* Applied and Environmental Microbiology 73, S. 6331–6338

MAUL, V., KLEPSCH, A., ASSMANN-WERTHMÜLLER, U. (1988): Das Bannwabenverfahren als Element imkerlicher Betriebsweise bei starkem Befall mit Varroa jacobsoni Oud. Apidologie 19, S. 139–154

MAURIZIO, A. (1969): Das Trachtpflanzenbuch. Ehrenwirth Verlag, München

MOOSBECKHOFER, R., KOHLICH, A. (1989): Varroatose – Überblick über erprobte Bekämpfungsverfahren mit den in Österreich zugelassenen Medikamenten. Bienenvater 110, S. 125–132

MOOSBECKHOFER, R., KOHLICH, A. (1989): Erfahrungen bei der Anwendung von Apistanstreifen am Institut für Bienenkunde. Bienenvater 110, S. 221–228

MOOSBECKHOFER, R. (1991): Apistan und Bayvarol – Langzeitwirkung behandelter Waben. Bienenvater 112, S. 90–92

NEUENDORF, S., HEDKE, K., TANGEN, G., GENERSCH, E. (2004): Biochemical characterization of different genotypes of *Paenibacillus larvae* subsp. *larvae,* a honey bee bacterial pathogen. Microbiology. 150, S. 2381–2390

PECHHACKER, H. (1975): Zur Prognose der Honigtautracht. Diplomarbeit Univ. f. Bodenkultur, Wien

PECHHACKER, H. (1984): Zur Populationsentwicklung der Physokermesarten. Dissertation Univ. f. Bodenkultur, Wien

PECHHACKER, H. (1985): In: KLOFT W, KUNKEL H (Hrsg.) Waldtracht und Waldhonig in der Imkerei. Ehrenwirth Verlag, München

PECHHACKER. H. (1990): Die Vorhersage der Lecanientracht. Bienenvater III, S. 106–107

PERSANO ODDO, L., PIRO, R. (2004): Main European unifloral honeys: descriptive sheets. Apidologie 35, S. 38–81

REHM, S.-M., RITTER, W. (1989): Sequence of sexes in the offspring of *Varroa jacobsoni* and the resulting consequences for the calculation of the developmental period. Apidologie 20, S. 339–343

RESCH, K. (1987): Weiden für die Bienen. Alpenländische Bienenzeitung 75, S. 41–52

RUTTNER, F. (1960): Waldtracht und Waldtrachtbeobachtung in Österreich. Bienenvater 81, S. 196–203

RUTZ, W. (1979): Blütenpollen. Schweizerische Bienenzeitung 102, S. 222–225, S. 280–284, S. 400–405

WEISS, K. (1984): Bienen-Pathologie. Ehrenwirth Verlag, München

Bildnachweis

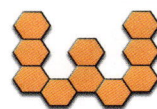

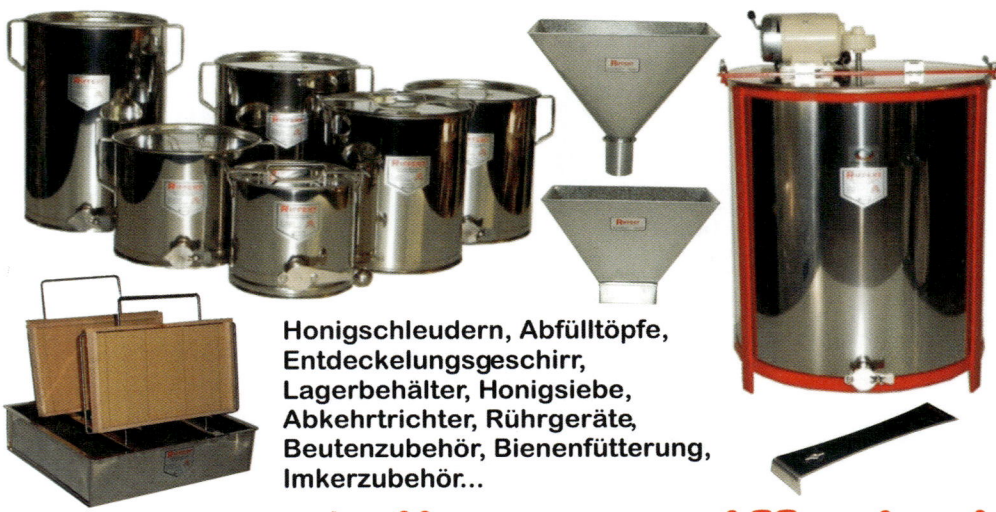